52

AF855440

Bibliothèques de la Ville de Paris
Sorti des
collections
Bibliothèques de la Ville de Paris

Les mirages de l'éolien

DANS LA MÊME COLLECTION

Emmanuel Daniel
Le Tour de France des alternatives
2014

Grégoire Souchay, Marc Laimé
Sivens, le barrage de trop
2015

Nicolas de La Casinière
Les Saboteurs du climat
2015

Gaspard d'Allens, Lucile Leclair
Les Néo-Paysans
2016

Marie Astier
Quel pain voulons-nous ?
2016

Tiffany Blandin
Un monde sans travail ?
2017

Gaspard d'Allens, Andrea Fuori
Bure, la bataille du nucléaire
2017

2 6 OCT. 2018

GRÉGOIRE
SOUCHAY

Les mirages de l'éolien

MAIRIE DE PARIS
Médiathèque
JEAN-PIERRE MELVILLE
79, Rue Nationale - 75013 PARIS
Tél. 01 53 82 76 76
Fax 01 45 83 15 93

Éditions du Seuil

Ce livre est publié en partenariat entre les Éditions du Seuil
et La Pile, l'association qui édite « Reporterre »,
le quotidien de l'écologie.
Collection dirigée par Hervé Kempf

Ce livre est publié avec le soutien de Brouillon d'un rêve de la Scam
Grâce à « La culture avec la copie privée »

Scam*

ISBN 978-2-02-139244-9

© Éditions du Seuil, mai 2018

Le Code de la propriété intellectuelle interdit les copies ou reproductions destinées à une utilisation collective. Toute représentation ou reproduction intégrale ou partielle faite par quelque procédé que ce soit, sans le consentement de l'auteur ou de ses ayants cause, est illicite et constitue une contrefaçon sanctionnée par les articles L. 335-2 et suivants du Code de la propriété intellectuelle.

www.reporterre.net
www.seuil.com

À la mémoire de Pierre R.
Don Quichotte de l'éolien et mémoire des communs

Introduction

On l'appelle le Merdelou. C'est l'un des plus hauts sommets du Rouergue. Une ligne de crête au cœur de l'Occitanie, l'une des dernières frontières physiques séparant le Massif central des plaines du Midi. Le massif surplombe la petite commune de Brusque, son château en ruine, lointain vestige des croisades albigeoises, et la vallée du Dourdou. La population compte trois cents âmes, et pas des plus jeunes, un maire de droite toujours réélu depuis quarante ans et quelques néo-ruraux, dont mes parents, venus habiter en 1984 un hameau en surplomb, en quête de nature sauvage et de silence.

Devant chez moi se dressait donc le Merdelou, distant de trois kilomètres à vol d'oiseau. Quand nous voulions nous y rendre pour nous promener en famille, il fallait rouler pendant une demi-heure en serpentant autour du flanc montagneux, puis emprunter un sentier cahoteux traversant une forêt de hêtres où, plus d'une fois, les amortisseurs de la voiture crurent leur dernier jour arrivé. Enfin, nous parvenions à cette lande venteuse culminant à 1 110 mètres d'altitude, riche en genêts et plantes arbustives, où l'été nous ramassions framboises et myrtilles. À l'origine, en occitan, Merdelou signifierait « mer de loin ». À l'horizon, par temps clair, c'est bien la montagne de Sète et la Méditerranée qui s'offrent au regard.

En dehors de ces rares escapades, c'est d'en dessous que j'ai observé le plus clair de mon temps ce Merdelou. Sombre et imposante, cette montagne m'a peut-être donné à voir pour la première fois la place limitée des humains dans leur environnement, si petits face à cet ample relief. Or, c'est dans ce coin perdu qui m'est si cher, comme tant de montagnes pour celles et ceux qui les peuplent, que s'est mise en branle la grande marche de l'énergie au XXIe siècle.

Là, sur la crête, en 2002, alors que nous franchissions tout juste le millénaire, face à ma chambre, on a construit des éoliennes. Et pas n'importe lesquelles : douze éoliennes Nordex N60 d'une capacité de 1,3 mégawatt (MW), issues du tout premier programme éolien français. Loin d'être initié aux idées marxistes et encore moins à l'écologie politique, j'étais à cette époque à mille lieues de saisir les enjeux du « développement durable » et de la « transition énergétique ». Au fond, quel mal faisaient-elles, ces douze machines ? Au sein de la famille, nous les comparions à des moulins à vent modernes, pas nécessairement laides. « Elles paraissaient naturelles et compréhensibles », se rappelle mon père.

Là-haut, sur la montagne, les accès ont été élargis et les voies sont désormais beaucoup plus praticables. Plus de myrtilles, les haies ont été rasées, même si les terres n'étaient déjà plus pâturées depuis quelques années. Autrement, qu'est-ce qui a changé ? Les éoliennes sont trop éloignées pour être entendues du hameau familial, le seul désagrément notable est le clignotement nocturne, arrivé en même temps que l'obligation d'éclairage public de nuit dans les hameaux. « C'est Noël toute l'année », plaisante ma mère.

Quinze ans plus tard, à l'automne 2017, je retrouve avec surprise une photo aérienne du Merdelou au milieu d'un document promotionnel du constructeur allemand Enercon, annonçant fièrement avoir « franchi le cap de 3 gigawatts (GW) en France, grâce au projet du bois du Merdelou ». Peter Schuster, directeur de la branche française d'Enercon, y voit là « une étape importante pour la réussite de la transition énergétique ». En 2017, sept nouvelles machines se sont donc ajoutées aux douze initiales de 2002. Mais pas seulement. Il y eut aussi les quatorze construites en 2012 sur l'autre flanc du Merdelou, et les dix-neuf achevées cette année, plus au sud, à la limite avec l'Hérault. À ces cinquante-deux éoliennes s'ajoutent plus loin à l'ouest une autre cinquantaine de machines bâties sur les monts de Lacaune, tandis qu'au nord, après les soixante-quatorze du plateau du Lévézou, c'est le Larzac qui a vu arriver ses six premières machines en 2017. En ce moment même, des militants du coin, déjà remontés contre un projet de transformateur électrique, sont en pleine bataille contre un énième parc, entraînant des manifestations en cascade et des actions en justice à leur encontre. Comment cette région rurale et néo-rurale, connue pour son fromage, sa lutte non violente historique contre l'extension d'un camp militaire et ses activités de pleine nature, a-t-elle pu devenir un des points chauds de l'éolien français ? Et pourquoi certains s'opposent-ils à l'implantation de cette énergie « nouvelle » ?

C'est dans ce monde de turbines que j'observe depuis plusieurs années que j'ai finalement plongé. Précisément situées sur des lignes de crêtes et dans des zones venteuses, les éoliennes sont une technologie turbulente et souvent conflictuelle, et pas seulement en France. Au sein même de la famille de l'écologie politique, où cette technologie est regardée tantôt avec admiration, tantôt avec crainte ou rejet, le débat est particulièrement vif, complexe, et les interrogations sont légion.

Viennent ainsi celles et ceux qui clament que « c'est une chance », qu'il s'agisse de responsables d'ONG, d'associations antinucléaires, de cadres d'Europe Écologie Les Verts ou de militants écologistes de la première heure, dont certains ont sauté le pas pour faire profession de leur engagement, en créant des bureaux d'études ou des PME innovantes. Dans ces milieux plutôt urbains, proches des ingénieurs et des techniciens, l'éolien est d'abord et avant tout vu comme un levier pour parvenir à la sortie du nucléaire, en neutralisant les risques et les dépendances que charrie ce dernier. Mais c'est aussi un potentiel d'investissement et de développement, l'émergence d'un secteur capable de reconvertir les anciens bassins industriels et de transformer en profondeur le mode de production national, avec des perspectives de « croissance verte ». Évidemment, pour cela, il faut aller vite. L'urgence climatique s'accélère, la catastrophe se rapproche. Alors, il faudrait développer, construire, massifier les parcs solaires et éoliens, doubler ou tripler les capacités dans un calendrier qui s'impose comme une évidence, pour réaliser la transition vers un monde plus vert, plus « durable ».

Le problème est que le développement de cette filière s'impose à d'autres écologistes, tout aussi convaincus, mais peut-être plus distants du cœur des métropoles globalisées. Propriétaires retraités de maisons secondaires soucieux de la valeur de leur bien, agriculteurs défendant une certaine vision du « pays », ou plus jeunes gens, faisant le pari d'une sortie du système, en recherche de modes de vie moins coûteux en énergie, leur sociologie est très variée. Mais ils ont pour point commun la dénonciation d'une « fausse solution » qui engendrerait l'« industrialisation de la campagne ». Ces militants « contre l'éolien industriel » défendent un cadre de vie serein, silencieux, loin de métropoles toujours plus grandes et avides de terres arables. Pour eux, c'est une évidence, l'éolien n'est qu'une « histoire de gros sous » au profit de quelques-uns. Les installations font « un mal considérable, aux habitant.e.s, en dégradation sociale, économique et environnementale », affirment leurs tracts. Certains posent des réflexions plus globales non seulement sur la sortie du nucléaire et la diminution des émissions de gaz à effet de serre, mais surtout sur la manière de penser globalement l'énergie et sa place dans nos sociétés, sans pour autant offrir de réponses clés en main à court terme.

Et moi, me demandera-t-on ? J'ai découvert, depuis plusieurs années maintenant, que certain.e.s, dont des proches, combattaient ardemment l'installation d'éoliennes dans leur territoire. Je n'ai pas adhéré pour autant aux discours dénonçant un « énorme scandale », une « grande arnaque », lesquels me semblaient exagérer l'importance de cet avatar de la modernité, qui gardait toujours une part de magie à mes yeux. Mais j'ai pu constater combien l'implantation de cette technologie peut poser de problèmes : l'effet de masse quand il y en a trop, des cas de corruption jusque dans le sud de l'Aveyron, des histoires rocambolesques et douloureuses, des communes divisées et des doutes, des craintes, de la colère et la naissance d'une certaine conscience politique dans le sillage de ces aérogénérateurs. Je me suis également étonné de l'absence de réponse des partisans de l'éolien à des questions qui me semblaient cruciales : qu'est-ce qu'un paysage ? Qu'est-ce que représente une implantation industrielle dans un territoire rural ? La transition énergétique peut-elle réellement être écologique ? Et le silence, l'espace sauvage, que deviennent-ils ? Inspiré par mon mythique Merdelou d'enfance, les lignes de crêtes idéologiques sont devenues mon territoire d'exploration favori. C'est donc en équilibre sur des cimes très disputées que j'ai décidé de m'aventurer pour comprendre la réalité complexe de cette technologie où tout ne tourne pas rond.

1. Au pays rêvé des turbiniers

Et pourtant elle tourne.

Galileo Galilei.

C'était l'occasion rêvée. Des opposants, des anti-éoliens, j'en connais bien un certain nombre. Mais des promoteurs éoliens, des constructeurs, des partisans tenaces et enthousiastes de cette énergie, je n'en avais jamais rencontré. C'était de là qu'il me fallait partir pour esquisser les enjeux de cette filière. Direction, donc, le « rendez-vous majeur de l'éolien en France », le colloque national éolien, dont la huitième édition se tenait à Paris à l'automne 2017. L'événement était organisé par FEE (France Énergie éolienne), association regroupant « 90 % des acteurs de l'éolien en France », au parc floral du château de Vincennes.

S'il est une chose qui marque tout novice dans ce genre d'événements, ce sont les couleurs. En bichromie, le colloque offrait à ses participants, d'une part, cinquante nuances de bleu, des purs azurs évoquant le ciel et le vent, aux plus grisâtres pour les costumes de l'assistance ; et, d'autre part, le blanc, celui, impeccable, des chemises assorties, mais aussi le blanc, plus crémeux, des pales et des mâts d'éoliennes dont les photos s'affichaient partout. Et ici ou là, à la marge, quelques teintes de vert. Le public, très majoritairement blanc lui aussi, jeune et masculin, était à l'image de ce monde d'ingénieurs, techniciens, startupeurs : sérieux mais décontracté. Ainsi, entre deux présentations au public, il était possible de siroter un jus de fruit mixé par nos soins en activant la dynamo d'un vélo électrique. On pouvait également choisir d'avoir l'air parfaitement idiot en se coiffant d'un casque de réalité virtuelle pour visiter « comme si vous y étiez » l'intérieur d'une éolienne. C'est qu'il faut faire rêver le chaland, marquer sa différence pour se faire remarquer dans un secteur très fortement concurrentiel.

En fait de colloque, il ne s'agissait pas d'échanger philosophiquement sur le rapport existentiel des humains au vent à travers l'histoire, mais de « trouver des solutions concrètes pour la France de demain ». Rien de moins. Au micro, Olivier Perot, président de la FEE et également directeur de la branche Europe du sud-ouest de Senvion (Allemagne), ne cachait pas ses affinités avec l'air du temps : « Des forces puissantes sont en marche », soulignait-il devant un public largement acquis, avant de faire un éloge du « gros mot de progrès » dont « des philosophes à la noix nous disent que c'est un mot dépassé ». Selon lui, « l'éolien est le moteur de la transition énergétique qui est en marche » pour « vivre dans un monde où notre énergie ne met plus en danger les générations futures ».

L'orateur glissait bientôt de l'intérêt écologique à l'économique : la filière générerait « un cercle vertueux de création d'emplois et de croissance » avec une « baisse tendancielle des coûts, à l'inverse d'autres technologies », sous-entendu le nucléaire. Dès lors, il est l'heure de « lever les freins, d'accélérer le rythme des installations ». Des objectifs en bonne voie puisque celui qui est devenu président de la République avait promis durant sa campagne « le doublement du nombre d'installations éoliennes et solaires d'ici la fin du mandat ».

Après la France, le propos était élargi à l'échelle européenne, avec quelques parlementaires ciblés : l'écologiste Michèle Rivasi, co-rapporteuse pour la gouvernance de l'énergie, la socialiste Pervenche Berès, invitée à « mobiliser pour susciter plus d'ambitions chez les socialistes » et les trois députés Les Républicains « Michel Dantin, Françoise Grossetête et Nadine Morano ». Un appel clair et ouvert à du lobbying direct devant le parterre d'invités enthousiastes, tous acteurs de cette nouvelle industrie éolienne.

Fabricants d'éoliennes : le club des six

À commencer par les constructeurs, ou turbiniers, ceux qui fabriquent les éoliennes elles-mêmes. Ils sont une dizaine à opérer en France, une quinzaine de grands acteurs dans le monde, dans un marché de plus en plus concentré avec des rachats en cascade ces dernières années. Faisons connaissance avec les six plus importants intervenants sur le territoire français.

Le plus vieux est le groupe Vestas, l'un des pionniers de l'éolien industriel, leader mondial de la fabrication d'éoliennes depuis 1987 au Danemark. Il subit désormais la concurrence des constructeurs chinois (Goldwind, Guodian, Sinovel) et indien (Sulzon) sur des marchés asiatiques en plein boom, mais reste numéro 1 en France. Les éoliennes Vestas sont plus anciennes et moins truffées de technologie, mais ont été largement éprouvées et restent parmi les moins chères du marché.

Derrière Vestas suivent quatre grosses entreprises allemandes, dont le nouveau poids lourd du secteur : Siemens Gamesa. La vieille entreprise allemande des télécommunications et de l'énergie a abandonné le nucléaire en 2011 et achevé sa fusion en 2017 avec Gamesa (Espagne), deuxième constructeur éolien en Europe. La première conséquence de ce rachat a été un plan de licenciement massif de six mille neuf cents personnes à l'automne 2017, dont la moitié en Allemagne. Ici non plus, les salariés n'échappent pas aux « restructurations ».

Autre leader allemand : Enercon, porté sur l'éolien plus haut de gamme. Bâti en 1984, c'est un modèle du capitalisme industriel familial outre-rhénan. Senvion est pour sa part une entreprise plus jeune, née en 2001 après plusieurs fusions. Elle produit notamment des éoliennes destinées au marché offshore.

Enfin, Nordex, née au Danemark mais dont le siège est en Allemagne, a également joué la carte ibère en rachetant un constructeur espagnol, Acciona, en 2015.

Dans ce secteur de l'énergie de plus en plus concentré, ne peuvent se faire une place que ceux qui sont déjà installés. L'états-unien General Electric (GE), qui était encore il y a peu la première capitalisation boursière mondiale, est un mastodonte présent dans presque tous les secteurs de l'énergie : nucléaire, pétrole, gaz et renouvelables. La branche éolienne de General Electric est née du rachat en 2001 d'actifs d'une autre entreprise connue, Enron. Des ruines de cette bulle spéculative est né GE Renewable Energy, deuxième fabricant mondial d'éoliennes, qui a depuis peu absorbé Alstom, l'un des derniers fabricants français engagés dans l'éolien.

Sur ce marché de la construction, les entreprises françaises sont hors jeu, désormais toutes rachetées ou liquidées. La société Jeumont Electric, pionnière dans les années 1990 avec la première éolienne française de grande puissance en 1999, a dû cesser sa production dès 2005 après son rachat par Areva ; à son tour, Siemens a absorbé en 2016 les activités éoliennes d'Areva qui se recentre depuis sur le nucléaire. Reste le groupe Vergnet, basé dans le Loiret, qui construit des éoliennes de moyenne puissance, capables de résister au passage des cyclones, et donc particulièrement adaptées aux zones tropicales. Mais durant l'été 2017, une tempête financière l'a placé en redressement judiciaire et il a depuis été racheté par un consortium financier international.

Pour trouver du grand éolien « made in France », il faut se pencher sur Poma Leitwind. Selon la belle histoire – ou la belle plaquette –, le leader italien des remontées mécaniques par câble a réussi à adapter son savoir-faire pour se lancer dans l'éolien. Le groupe produit une dizaine d'éoliennes par an, avec des projets validés en Bretagne et des usines de production qui viennent d'ouvrir en Isère. Sentant l'intérêt de jouer la carte tricolore, les autres groupes précités installent à leur tour des usines d'assemblage en France, comme en Normandie ou dans les Pays de la Loire.

Les machines coûtant en moyenne 1,3 million d'euros par mégawatt, ces constructeurs ne pourraient pas grand-chose sans la myriade de sous-traitants qui travaillent avec eux. Il y en a pour tous les goûts : de l'extraction de matières premières à la construction dans des usines de mécanique et d'électronique de pointe, en passant par le BTP qui réalise le mât, le terrassement du terrain et la construction de routes avant l'assemblage, sans oublier le transport par convoi exceptionnel en bateau et sur les routes. Toute une chaîne plus ou moins invisible, mais qui ancre l'éolien dans un tissu industriel dense. La filière comptait ainsi en 2016 près de seize mille emplois directs et indirects en France.

Les développeurs : de la PME citoyenne à la multinationale

Pourtant, sur le terrain, ce ne sont pas les constructeurs qui débarquent les premiers, mais les porteurs des projets : les développeurs ou promoteurs. Ce sont des centaines d'entreprises qui s'activent dans le pays. Leur rôle ? Élaborer le projet éolien de A à Z : « Nous faisons un peu de tout : architecte, commercial, bureau d'études », explique Benoît Praderie, gérant de la coopérative Soleil du Midi et porte-parole de l'association Planète éolienne. « Comme pour tout secteur industriel, il y a des gros et des petits, des multinationales et des PME ou TPE, des vertueux et des filous. Certains vont venir brutalement avec des gros projets et d'autres prendront le temps d'élaborer conjointement avec les gens concernés. »

Autour de ces deux grands pôles gravitent une pléiade d'autres métiers : des bureaux d'études, spécialistes des impacts acoustiques, paysagers, pour la faune et la flore, en particulier pour les oiseaux et les chauves-souris, mais aussi les concepteurs d'outils techniques de pointe – vitesse du vent, prévision des orages… Certaines entreprises sous-traitent même la concertation avec la population. Ainsi David Heinry, président d'Alter&Go, soutient qu'il faut « d'abord simplement écouter. Ensuite, la grande majorité des citoyens veut comprendre comment cela fonctionne et pourquoi nous agissons ainsi ».

La population n'intervient en fait qu'à la toute fin du processus, après la validation initiale par les différents services administratifs, au travers d'une enquête publique – qui s'étend sur un ou deux mois – durant laquelle peuvent être recueillis les avis des habitants des communes impactées. Une fois les conclusions du commissaire-enquêteur remises au préfet, ce dernier décide *in fine* de signer ou non les arrêtés et le permis de construire permettant le démarrage du chantier. Il faut ensuite quelques mois pour réaliser les voies d'accès, construire le socle de béton, monter l'éolienne et enfin la raccorder au réseau.

Exploiter la ressource éolienne

Une fois en activité, les exploitants gèrent, directement ou avec des sous-traitants, les pannes, avaries techniques, ainsi que diverses problématiques du quotidien pendant les quinze à vingt ans de durée de vie de l'éolienne.

Ici, les cas sont multiples. Soit le développeur s'occupe lui-même du parc qu'il a développé en interne, soit, une fois le projet terminé, il l'a revendu à une entreprise tierce. Certains flairent l'occasion de réaliser une plus-value et se font une spécialité d'obtenir au forceps des permis pour les revendre au plus offrant. « Tout le monde veut investir dans l'éolien, glisse un développeur français, même s'il a été obtenu avec des méthodes de cow-boys, vous trouverez toujours quelqu'un pour vous racheter un permis validé. » Qui sont les mauvais élèves ? « Chut, chut, pas de nom. » Si la filière s'est dotée d'une charte de bonnes pratiques en 2015, différencier le bon du mauvais développeur reste une gageure pour le citoyen lambda, tant les situations sont diverses et les pratiques multiples.

L'exploitation répond à des logiques plus techniques, différentes du développement. Aussi, il est peu étonnant d'y retrouver des gestionnaires d'autres d'installations de production électrique. En France, un quart du parc est entre les mains des deux anciennes entreprises publiques de l'énergie : EDF Énergies nouvelles et Engie (ex-GDF Suez). La première, filiale d'EDF née en 2004, s'est illustrée dans le rachat de parts dans des projets déjà entamés. Selon Pâris Mouratoglou, président fondateur d'EDF Énergies nouvelles, « les petits parcs de production électrique n'étaient pas la priorité des grands groupes, plus pour des questions d'organisation que de compétences ». Cet entrepreneur a conduit son entreprise à développer massivement l'éolien à l'international, la France ne représentant que 15 % des activités du groupe. Avec à peu près autant de parcs possédés, Engie a racheté depuis 2017 la totalité des parts de la

Comment fonctionne une éolienne ?

Au commencement est le Soleil. Sous l'effet de la chaleur, des molécules d'air se déplacent, à des vitesses variables, des zones de pressions élevées vers des zones de pressions plus faibles. Ainsi naît le vent. Il faut prendre de la hauteur pour trouver cette ressource, car, comme l'explique Bernard Multon, enseignant-chercheur à l'ENS de Rennes : « La vitesse du vent varie considérablement selon la hauteur. » Dans des endroits où l'être humain ne ressent qu'une petite brise, un mât de mesure de 100 mètres de haut, lui, conclura à l'existence d'un gisement de vent.

Sur ces gisements sont donc installées des turbines tripales, profilées comme des ailes d'avion. L'air est accéléré d'un côté et freiné de l'autre, il exerce ainsi une « portance » (force) sur les pales, ce qui met en rotation la turbine. Celle-ci entraîne une génératrice électrique qui transforme en électricité l'énergie mécanique de la rotation. Voilà pour le principe de base.

Mais le vent est une énergie à l'intensité variable. L'éolienne intègre donc un composant essentiel, un convertisseur électronique de puissance, qui va optimiser le fonctionnement de l'éolienne. D'une part, il permet d'adapter la vitesse de rotation des pales à la vitesse du vent : plus il souffle fort, plus l'éolienne tourne vite ; d'autre part, il ajuste la fourniture au réseau selon les besoins, par exemple en participant au réglage de la tension, voire en réduisant la puissance en cas d'incapacité du réseau à l'utiliser.

Il faut bien sûr un minimum de vent pour faire fonctionner la machine. En dessous d'un certain seuil (environ 2 à 3 mètres par seconde, m/s, soit 8 à 11 km/h), l'éolienne ne peut tourner. Sa vitesse de rotation augmente sensiblement en fonction de la vitesse du vent jusqu'à atteindre une valeur de 12 à 15 m/s (40 à 50 km/h environ), vitesse à laquelle l'éolienne atteint sa « puissance nominale », c'est-à-dire la puissance maximale qu'elle peut fournir, telle qu'elle a été conçue par le fabricant. Au-delà de cette vitesse, on va modifier l'inclinaison des pales afin de brider volontairement sa prise au vent et ainsi freiner la rotation. Dès lors, la production est « écrêtée ». Enfin, quand le vent approche des 90 km/h, la machine est arrêtée afin de lui éviter de subir une force trop grande qui pourrait endommager l'ensemble du système. Même si elles nous marquent plus, ces journées de vent ne sont en fait pas assez fréquentes pour qu'il soit rentable de concevoir des machines capables de convertir des puissances plus élevées, donc plus coûteuses.

Pourquoi les opposants disent-ils parfois que les éoliennes ne tournent qu'un quart du temps ? Il s'agit là d'une confusion autour du concept de facteur de charge. Celui des éoliennes actuelles est estimé à 25 % en moyenne. Cela signifie que, si l'on considère la production électrique de la machine sur une année (en kilowattheure) et qu'on la divise par la puissance maximale qu'elle est capable de produire à un instant *t*, on obtient un nombre d'heures en équivalent pleine puissance. En rapportant ce nombre d'heures à une année entière, on constate que cela équivaut à une production à pleine puissance pendant 25 % de l'année. En fait, une éolienne tournerait et produirait donc de l'énergie, selon les données des fabricants, 80 % à 90 % du temps, mais avec une production souvent faible. Les arrêts sont provoqués pour les opérations de maintenance et la résolution des pannes ou, pour les plus vertueux, afin de limiter les nuisances sonores ou environnementales.

Le facteur de charge est aussi lié à la qualité du gisement de vent. Il augmente ainsi sensiblement sur les sites bien ventés – comme dans l'Aude, par exemple. Ce coefficient dépend également du choix de dimensionnement de la turbine. Si le diamètre de la turbine augmente sans changer sa puissance nominale, on peut considérablement accroître le nombre d'heures en production maximale. Les nouveaux modèles en cours d'installation auraient ainsi un facteur de charge plus proche des 30 %.

Reste que les développeurs et les pouvoirs publics jouent parfois de cette confusion quand ils présentent leurs chiffres globaux. Ainsi, quand le gestionnaire du réseau électrique, RTE, annonce une puissance installée totale de 13 559 MW éolien fin 2017, soit 10,4 % du parc électrique, cela ne dit rien de l'énergie réellement produite par les éoliennes. Or cette même année 2017, celles-ci ont généré 24 térawattheure (TWh) d'électricité, soit 4,5 % de la production totale.

Compagnie du vent, l'un des pionniers dans les énergies renouvelables au cours des années 1990. Derrière suivent des groupes français comme Énergie Team, Valemo, ou étrangers, tels Boralex (Canada) et RES (Grande-Bretagne), chacun possédant environ 4 % des installations sur le territoire national.

Reste qu'exploiter une production pour la revendre n'est pas l'apanage des entreprises de l'énergie. Des banques, des assurances et toute sorte d'entreprises se retrouvent au capital des projets éoliens. Pour ceux-là, l'éolien ne constitue finalement qu'un actif parmi d'autres, les parcs se revendant assez facilement, même en cours d'exploitation. Et pour cause : le bénéfice net des projets une fois aboutis avoisinerait 15 %.

Dès lors, il est aisé de comprendre le rôle central de l'État durant le démarrage de la filière : en accordant des tarifs d'achat de l'électricité bien au-dessus des prix de marché, il a donné un notable coup de main à la filière et à ses financeurs. Cette présence de l'État n'a rien de scandaleux si elle est mise en perspective avec son soutien historique à d'autres industries, comme le nucléaire, qui a été très largement subventionné. Mais pour comprendre comment la France de l'atome en est arrivée à soutenir les renouvelables, il faut se replonger dans l'histoire longue de la domestication de l'énergie du vent par l'espèce humaine.

2. Une brève histoire de l'éolien

> Il faut faire tourner le moulin lorsque le vent souffle.
>
> Proverbe français.

L'utilisation de l'énergie du vent pour alimenter des activités humaines n'est évidemment pas neuve. Cinq mille ans avant notre ère, on utilisait le long du Nil des embarcations poussées par les vents. C'est en Perse (l'actuel Iran) qu'ont été relevées les premières traces de moulins à vent. « Un tronc d'arbre portait quatre à huit panneaux horizontaux, eux-mêmes reliés par un ensemble de pales verticales faites de roseaux, de toile ou de cuir », relate *La Revue de Téhéran*.

Ces éoliennes à axe vertical furent d'abord utilisées pour se protéger des vents, notamment des grandes tempêtes caractéristiques de cette région. Les Perses utilisèrent ensuite des moulins à axe horizontal pour pomper l'eau, irriguer, scier du bois, fabriquer du papier et bien évidemment meuler divers grains et matériaux.

Les croisades entraînèrent l'importation de cette invention de la Palestine à l'Europe de l'Ouest.

Du bon usage des moulins à vent

À partir du XIIe siècle, l'utilisation des moulins à vent se généralisa dans toute l'Europe, venant supplanter les moulins à eau sur des sites hydrauliques déjà saturés. En France, la première apparition du moulin à vent remonterait selon les sources à 1170, à Arles, ou à 1180 dans le Cotentin. À l'étranger, les moulins se développèrent fortement dans les actuels Pays-Bas, où ils permirent de créer les polders, des terres émergées sous le niveau de la mer. Les Néerlandais établirent ainsi des systèmes ingénieux permettant de gagner des espaces sur la mer, comme l'explique l'auteur Jared Diamond : « Un sixième de la superficie totale des Pays-Bas est sous le niveau de la mer [...]. Nous avons gagné sur celle-ci en entourant ces bas-fonds de digues et en pompant petit à petit l'eau [...]. Voilà à quoi servaient nos moulins à vent : à faire marcher les pompes qui pompent les polders. » L'auteur tire une leçon philosophique plus globale de ce pays qui a appris que sa survie dépendait de celle des autres.

Selon les historiens Jean-Claude Debeir et Jean-Paul Deléage, « le moulin à vent s'imposa contre les privilèges seigneuriaux, privilèges très importants sur la terre et l'usage du sol, mais difficilement applicables à un quelconque “droit de l’air” ». Et quand ces seigneurs tentaient d’en faire usage, le conflit éclatait. Ainsi le greffier Jean-François Finot prenait note, en 1779, d’un propriétaire de moulin de Mertrud, en Champagne, contestant le « droit du vent » qui lui était demandé. Décision fut prise « qu’il n’en paie aucun cens au seigneur parce qu’il a été jugé depuis peu que le vent étant un élément libre, il n’appartenait pas aux seigneurs mais à tout le monde ».

Ce n’est qu’à la fin du XIXe siècle, alors qu’on ne cessait d’innover dans la construction des moulins à vent, que le fondeur de cloches Ernest-Sylvain Bollée baptisa en 1885 l’un de ses modèles du nom commun d’« éolienne ». Trois ans plus tard, en 1888, un Américain, Charles Francis Brush, ouvrit la voie de l’éolien moderne. Resté dans l’histoire pour la compagnie qui prit son nom et pour nombre d’inventions électriques, C. F. Brush élabora la première éolienne électrique. Une machine « de dix-sept mètres de hauteur, avec dix-sept imposantes pales en cèdre d’une puissance de 12 kilowatts avec un stockage par batteries d’accumulateurs », précise le site Internet de la compagnie General Electric, dont il fut l’un des précurseurs.

En 1890, cette fois au Danemark, le météorologue Poul La Cour conçut la première éolienne génératrice d’électricité permettant de fabriquer de l’hydrogène grâce à l’électrolyse de l’eau. Il découvrit également que des turbines à rotation rapide avec peu de pales étaient plus productives que des turbines à rotation plus lente dotée de nombreuses pales. C'est ainsi qu'encore aujourd'hui les grandes éoliennes ont presque toutes trois pales.

XXe siècle : la naissance des éoliennes modernes

Dès la fin de la Première Guerre mondiale, les machines jusqu'ici en essai en laboratoire commencèrent à être utilisées plus largement, notamment au Danemark, « un pays avec beaucoup d'habitat isolé et insulaire, avec des difficultés pour raccorder les habitations à un réseau », explique Yves Bouvier, historien de l'énergie. En France, durant les « années folles », la Compagnie Électro-Mécanique, productrice de turbines pour les centrales à charbon, expérimenta un premier modèle d'éolienne électrique à axe vertical, dite éolienne Darrieus, du nom de celui qui dirigeait le service de recherche de la compagnie. Georges Darrieus, ingénieur aéronautique, contribua notamment au développement du réseau électrique dans le pays en établissant « les conditions optimales de réglage des fréquences et répartition de charge dans des réseaux ».

L'après-guerre entraîna un bouleversement complet de l'industrie électrique en France. Après la nationalisation du gaz et de l'électricité par le ministre de la Production industrielle, le communiste Marcel Paul, il fallut organiser la nouvelle entité unique : EDF GDF. Débuta alors une politique de grands travaux, d'abord dans l'hydroélectricité, puis dans le nucléaire. En arrière-plan, la Direction des études et recherches étudiait les possibilités offertes par l'éolien qui, comme le solaire, semblait adapté pour alimenter en électricité les zones non connectées au réseau électrique métropolitain, tels les îles, les territoires d'outre-mer ou les zones de montagne.

En cela, l'éolien fut bien une énergie complémentaire de l'hydraulique puis du nucléaire. Des expérimentations importantes furent entreprises : à Nogent-le-Roi, dans l'Eure-et-Loir, l'une des premières éoliennes expérimentales de grande puissance parvint en 1959 à atteindre une puissance de plus d'un mégawatt, bien que l'exploit endommageât gravement la machine pour plusieurs mois. Yves Bouvier décrit la France d'alors comme un pays « en avance sur ses voisins alors que, même en Europe du Nord, il ne restait plus grand-chose des projets du début du siècle ».

Il ne fallut pas dix ans pour que le mouvement s'inverse. Aux lendemains du choc pétrolier de 1973, la France choisissait d'opter, avec le plan Messmer, pour une grande politique de développement nucléaire, au-delà même des besoins énergétiques. Mais ailleurs, les renouvelables commencèrent à susciter l'intérêt de certaines entreprises. Ainsi, au Danemark, une ancienne entreprise en difficulté produisant des grues hydrauliques fit le pari en 1975 de lancer un premier modèle d'éolienne industrielle. Son nom ? Vestas, devenu depuis le leader européen de la construction de ces machines. Son activité se développa au début des années 1980, tandis qu'un véritable programme éolien était mis en place aux États-Unis, en Californie, alors en opposition avec la politique nucléaire de Ronald Reagan. En une décennie, plus de mille éoliennes, dont la moitié d'origine danoise, furent installées à Palm Springs, près de Los Angeles. « C'est vraiment une logique d'entreprise d'innovation et de conquête de marché, analyse Yves Bouvier, qui a amené les pouvoirs publics à légiférer et à mettre en place des politiques publiques de développement de l'éolien. » L'Allemagne – dans sa partie ouest, le pays étant alors divisé en deux – se mit à son tour aux énergies renouvelables au milieu des années 1980, à la faveur de l'entrée des premiers élus écologistes au sein des gouvernements régionaux de plusieurs Länder, notamment à Hambourg. Ils y obtinrent un écho favorable au moment où le pays tentait de freiner le développement nucléaire.

Depuis 2000 : le développement de la filière en France

La France, quant à elle, ne s'ouvrit à l'éolien industriel qu'avec deux décennies de retard. Le choc pétrolier avait bien conduit à la création d'une délégation aux « énergies nouvelles » en 1975, mais elle se concentrait essentiellement sur la recherche dans le solaire. Après la première alerte sur le changement climatique et le Sommet de la terre à Rio de Janeiro, en 1992, le premier programme éolien national, « Éole 2005 », fut lancé en 1996 par le gouvernement Juppé, avec pour objectif l'installation de 500 MW en dix ans. Sous le pilotage d'EDF, une cinquantaine de sites furent retenus dans une dizaine de régions. Parmi eux, les douze éoliennes du Merdelou. C'est l'Union européenne qui allait définir les principes de la libéralisation du marché européen de l'énergie et donc des renouvelables. D'abord en 1997, avec un livre blanc sur l'énergie, qui posa les bases de la libéralisation du marché de l'électricité dans l'Union. Puis, en 2001, le Conseil de l'Union et le Parlement européen votèrent la directive-cadre « sur la promotion de l'électricité produite à partir de sources d'énergies renouvelables ».

Il y était demandé aux États de fixer dorénavant des objectifs « de consommation d'électricité produite à partir de sources d'énergies renouvelables ». L'aide publique était acceptée à la condition qu'après « une période transitoire suffisante, il [était] toutefois nécessaire d'adapter les régimes de soutien aux principes du marché intérieur de l'électricité en expansion ».

En France, le programme Éole 2005 fut abandonné par la loi du 10 février 2000 qui créait un nouveau cadre juridique. Désormais, les entreprises se retrouvaient « dans l'obligation de signer un contrat pour l'achat de l'électricité produite » par « les installations qui utilisent l'énergie mécanique du vent, implantées dans le périmètre d'une zone de développement de l'éolien ».

Concrètement, les producteurs d'électricité renouvelable ont pu bénéficier d'un tarif de rachat garanti, supérieur au prix réel de l'électricité sur le marché. Fixé par décret le 8 juin 2001, il permettait à l'État d'encourager directement leur développement. Ce coup de pouce fut financé par une partie de la CSPE (Contribution au service public de l'électricité), une taxe instaurée en 2003 sur l'ensemble des factures EDF. Au total, cette taxe a permis à la filière éolienne de bénéficier de 6,3 milliards d'euros d'aides cumulées sur dix ans, avec un coût d'achat moyen établi à 86 euros le MWh (mégawattheure) produit en 2013. Un soutien supérieur à celui apporté au photovoltaïque (5 milliards d'euros), mais inférieur au coût total de la péréquation tarifaire entre zones géographiques du pays (7,3 milliards d'euros). Bref, des objectifs mesurés, un soutien modeste, mais l'effet d'aubaine était bien là. Reste à voir comment ont réagi les industriels de l'énergie, notamment EDF, à la naissance de ce nouveau marché.

3. VENTS CONTRAIRES SUR L'ÉOLIEN TRICOLORE

> Le lobby des éoliennes, souvent proche de celui du nucléaire, a bien fonctionné en proposant aux maires des petites communes de nouvelles recettes. Ils ont installé des éoliennes en dépit du bon sens.
>
> Nicolas HULOT.

Aujourd'hui encore, la légende veut qu'EDF ait voulu torpiller la filière éolienne au détour des années 2000. Selon l'analyse de Pâris Mouratoglou : « Bien sûr qu'il y avait des gens qui considéraient au début des années 2000 que faire de l'éolien n'était pas clé, mais pas parmi les dirigeants du groupe », précise celui qui était alors président d'EDF Énergies nouvelles. « En réalité, nous étions presque sermonnés parce que nous n'en faisions pas assez », ajoute-t-il. « Les années 2000 ont apporté un changement de culture au sein d'EDF », confirme l'historien Yves Bouvier. L'arrivée de nouveaux directeurs à la tête de l'énergéticien français, comme François Roussely en 1998, conduit à considérer avec autant d'égards le nucléaire et les renouvelables, pour lesquelles les investissements commencent à être importants.

Vraisemblablement, il y eut bien un décalage de philosophie entre les artisans du nucléaire, dont EDF, et les plus farouches défenseurs de l'atome dans le monde politique, ce que l'ex-ministre Corinne Lepage a appelé « l'État nucléaire ». Figure éminente de ce lobby pronucléaire : Patrick Ollier, député UMP des Hauts-de-Seine et président de la Commission des affaires économiques de l'Assemblée nationale, qui tenta en 2004 de faire barrage à l'éolien pendant les débats sur la loi d'orientation sur l'énergie : « Je veux qu'on réglemente pour éviter le développement anarchique [des éoliennes], car nous n'avons pas besoin d'un tel développement aujourd'hui en France. »

Alors que se profilait un nouveau chantier de centrale nucléaire avec l'EPR de Flamanville, la question n'était pas de savoir s'il fallait ou non faire de l'éolien, mais de déterminer comment financer les divers grands chantiers d'EDF. Quant aux zones de développement éolien (ZDE), leur cadre fut précisé par une circulaire en 2006. L'idée était d'élargir la concertation « avec toutes les parties prenantes des projets éoliens concernés », tout en évitant l'effet de mitage du paysage « par une concentration géographique plus importante des projets ». Au départ simple document administratif technique, les ZDE ont été dans certains endroits un socle, très imparfait, pour tenter de planifier l'éolien sur un espace plus large. La partie du dossier concernant les autorisations de raccordement électrique passa progressivement au second plan et les études paysagères et environnementales devinrent plus touffues et denses. Mais ces ZDE restèrent sous le contrôle du préfet et non des communes, comme cela avait été un temps envisagé. Et ce maigre embryon démocratique s'accompagna de la multiplication des projets et donc de nouvelles oppositions (voir chapitre 6).

Les conditions de développement de l'éolien furent durcies en 2010 par la loi Grenelle II. Patrick Ollier repartit alors en croisade, cette fois en soumettant les éoliennes au régime des installations classées pour la protection de l'environnement (ICPE). Les conséquences furent, pour les nouveaux projets, l'instauration d'une distance minimale de cinq cents mètres des habitations, ainsi que la réduction des niveaux de bruit autorisés. L'Union française de l'électricité dénonça « la discrimination qui serait ainsi apportée à la filière éolienne, en la soumettant à quatre niveaux de réglementation administrative ». La loi imposait également un minimum par projet de 15 MW de puissance et cinq mâts. Ces seuils, s'ils concordaient avec les ambitions d'EDF Énergies nouvelles et des autres grands investisseurs, marginalisaient de nombreux petits développeurs et renforçaient la concentration du secteur.

Cette dynamique contraignante finit par s'alléger avec l'élection de François Hollande à la présidence de la République en 2012. La loi Brottes, votée le 11 mars 2013, permit de retirer le seuil des cinq mâts et supprima purement et simplement les ZDE. Dès lors, il fallut établir des schémas régionaux éoliens qui aient vocation à déterminer où installer les éoliennes. Bien sûr, ces schémas régionaux furent, dès leur publication, attaqués en justice par les opposants, qui obtinrent gain de cause dans la très grande majorité des anciennes régions. L'administration avait en effet « oublié » de demander des études environnementales pour ces schémas régionaux éoliens. Mais, entre-temps, les régions avaient fusionné. Qui dit nouvelle entité, dit nouveau document régional, dont la teneur n'est toujours pas connue en 2018.

Vers la « transition énergétique »

Mais revenons un peu en arrière. L'année 2011, avec l'accident nucléaire de Fukushima, entraîna un basculement de la perception des énergies dans la conscience collective. Tandis que l'Allemagne accélérait sa sortie du nucléaire à l'horizon 2022, le Groupe d'experts intergouvernemental sur l'évolution du climat (GIEC) publiait son cinquième rapport en novembre 2014, dans lequel il écrivait explicitement que « le remplacement des énergies carbonées par des renouvelables est une condition *sine qua non* de la réussite de l'objectif d'une hausse maximale de 2 °C des températures d'ici la fin du siècle ».

D'une possibilité technique, l'éolien entrait de plain-pied dans la liste des « solutions » pour la « transition énergétique ». Le terme se généralisa rapidement et donna son nom à la loi de 2015. Nous évoquions plus haut les objectifs que l'Union européenne recommandait aux États d'inscrire dans leurs lois. La loi de 2015 s'y conforme parfaitement. Elle portait « la part des énergies renouvelables à 23 % de la consommation finale brute d'énergie finale en 2020 et à 32 % en 2030 ». Pour atteindre ces objectifs, était créée la programmation pluriannuelle de l'énergie (PPE), qui fixait une trajectoire chiffrée. Pour l'éolien terrestre, ces objectifs étaient de 15 GW installés d'ici la fin de l'année 2018 et entre 22 et 26 GW d'ici 2023. Dans la foulée furent instaurés un régime d'autorisation environnementale unique début 2017 et des délais d'instruction réduits. Mais surtout, le changement le plus essentiel fut la disparition des tarifs de rachat garanti. Précipité par un recours des opposants auprès de la Cour de justice de l'Union européenne, la France dut abandonner cette subvention directe à l'économie de l'éolien, contraire au principe de libre concurrence, et de nouvelles dispositions entrèrent en vigueur dès le début de l'année 2017.

Auparavant, l'État achetait l'électricité d'origine éolienne à un prix fixe garanti, largement supérieur au prix auquel s'achète l'électricité sur le marché.

Désormais, les producteurs d'électricité sont tenus de vendre eux-mêmes leur production sur le marché européen. Si le prix d'achat est trop faible, l'État apporte un complément de revenu jusqu'à un plafond annuel, inférieur aux anciens tarifs de rachat. Fixé au maximum à 74,8 euros par MWh, celui-ci diminue ensuite en fonction du nombre de machines, de leur taille et de la durée annuelle de fonctionnement. Mais si le prix de marché devient plus élevé (en cas de forte demande, par exemple), l'État ne complète plus au-delà de ce plancher maximal. Pour Marine Bourboulon, chef de projet chez le groupe canadien Boralex, c'est le signal que « l'éolien commence à devenir mature et à pouvoir se passer de subventions ».

Le gouvernement nommé après les élections de 2017 et le ministre Hulot semblent, comme sur beaucoup d'autres domaines, vouloir emprunter les mêmes voies que leurs prédécesseurs et font aujourd'hui référence à une « accélération » et un « changement d'échelle ». En fait, c'est un échelon juridique, le recours devant le tribunal administratif, qui va être prochainement supprimé, « un moyen de diviser par deux le temps moyen des procédures », se réjouissait le secrétaire d'État à la Transition énergétique, Sébastien Lecornu. Mais il n'est pas sûr que cela soit une si bonne nouvelle pour les citoyens.

De plus, pour atteindre les objectifs de la programmation pluriannuelle de l'énergie (PPE), l'État a lancé à l'automne 2017 une série d'appels d'offres pour un total de 3 GW éolien d'ici 2020. Les grands projets d'implantation dépendent donc à présent du choix de l'État. La mesure pourrait aussi bien enterrer la filière, comme cela fut le cas notamment dans l'industrie photovoltaïque dans les années 2010, ou la confisquer au profit de quelques-uns, mais aussi favoriser une croissance rapide du secteur.

Et pour encadrer ce marché libéré ? Rien de plus qu'un « guide des bonnes pratiques de concertation », une « incitation au financement participatif » et, en dernier recours, les préfets. Un connaisseur de la filière résume : « Nous sommes revenus à la situation des années 2000 », une période d'éolien sauvage et brutal. Est-ce vraiment souhaitable compte tenu des impacts, même relatifs, de l'éolien sur l'environnement ?

Comment monter un projet éolien ?

Développer un projet est un long processus, qui prend « en moyenne huit ans aujourd'hui en France entre les premières études et la mise en service, contre cinq ans en Allemagne », estime Marine Bourboulon, de Boralex. Il ne suffit pas de pointer sur une carte les couloirs de vent et de poser les éoliennes. Les développeurs doivent réaliser des relevés précis, à l'aide de mâts de mesures, préfigurant les futures éoliennes. Une fois les sites identifiés, ils rencontrent les propriétaires des parcelles et les élus locaux. « Si à ce stade les élus s'opposent, généralement le développeur s'arrête là », dit Arnaud Gossement, avocat spécialisé en droit de l'environnement. Généralement, car certains s'obstinent. Ensuite, il faut mener les études d'impacts, dont les plus importantes concernent l'impact paysager, le bruit et l'avifaune (oiseaux et chauves-souris). Ce n'est qu'à ce moment-là, après deux ans de travail, que le projet est présenté à la population, en même temps qu'il commence son long circuit de validation par l'administration. Mais c'est aussi l'occasion pour les opposants d'intenter des recours en justice contre les projets, qui, selon qu'ils sont ou non interjetés en appel, peuvent retarder de deux à quatre années supplémentaires l'installation des éoliennes. « Même si les opposants sont dans la très grande majorité des cas déboutés, c'est autant d'années supplémentaires d'attente, durant laquelle l'opérateur ne touche rien », souligne Arnaud Gossement.

Comment financer les projets durant toutes ces années ? Le coût des parcs est estimé à 1,3 million d'euros par mégawatt. Selon la Commission de régulation de l'énergie, les trois quarts de ce coût sont engloutis par la machine elle-même, puis par le génie civil (10 %) et les études (8 %). Pour une puissance totale de 15 MW, le coût total d'un parc atteint aisément 20 millions d'euros. Où trouver l'argent? C'est au développeur, qui dépose la demande d'autorisation d'exploitation, que revient la charge de prouver la solidité financière du projet. Il est généralement tenu d'apporter des fonds propres à hauteur de 20 % du coût global. Le reste est obtenu à crédit auprès de banques, fonds de pension ou autre prêteurs.

Vous avez peut-être déjà vu des noms bucoliques du type « parc éolien des Monts Jumeaux » ou, pour reprendre notre exemple initial, « des bois du Merdelou »? Il s'agit en fait de sociétés de projet, filiales à 100 % des entreprises de l'éolien, développeur ou exploitants. Outre l'image positive que de tels noms peuvent donner sur un territoire, ces sociétés de projets sont en fait utilisées pour diminuer le risque bancaire. Plutôt que d'avoir une même société qui supporterait plusieurs énormes crédits en même temps, chacune des sociétés de projet supporte le risque d'un seul parc et donc sollicite un prêt différent aux banques.

Depuis 2011, les éoliennes sont des Installations classées pour la protection de l'environnement (ICPE), à propos desquelles le code de l'Environnement précise: « En cas de défaillance de [la filiale], la responsabilité de la maison mère peut être recherchée. » Une fois le permis accordé, la société mère verse le capital nécessaire à sa filiale qui va rembourser progressivement sa dette durant les quinze années d'exploitation, grâce à un bénéfice net moyen de 15 % par an, faisant la joie de ses actionnaires. Enfin, à échéance du contrat, l'entreprise est tenue de procéder au démantèlement des installations, « en vue duquel elle aura spécifiquement provisionné, pendant l'exploitation, une somme de 50 000 euros au minimum par mât ».

4. Éole et son environnement

> La véritable musique est le silence et toutes les notes ne font qu'encadrer ce silence.
>
> Miles Davis.

Depuis le début de cet ouvrage, on parle d'éoliennes, de marchés, d'entreprises, mais qu'en est-il de la réalité matérielle de ces machines, des ressources utilisées et des conséquences sur l'environnement de leur implantation ? Avant d'entrer dans le détail, il faut avoir à l'esprit un paradoxe propre aux technologies modernes. Toutes les industries consomment des ressources en plus ou moins grande quantité. Pour autant, nous n'avons jamais aussi bien connu qu'actuellement la matérialité de ces impacts, notamment grâce aux études obligatoires menées pour chaque projet. Par analogie, si des statistiques précises concernant le nombre de tués dans les accidents de voiture sont disponibles, il est beaucoup plus difficile d'évaluer le nombre de morts dus à la pollution ambiante de l'air, bien que celle-ci semble nettement plus meurtrière. Il en va de même pour l'éolien, qui est loin d'être l'industrie la plus destructrice et la plus polluante qui existe, mais dont les impacts sont connus et donc facilement pointés du doigt.

Le problème de fond est que l'environnement ne choisit pas ce qui participe à sa destruction. Les éoliennes, sans être le facteur principal, sont un élément aggravant. De surcroît, la prise en compte des impacts de l'éolien, par les développeurs comme par les administrations, est très variable. Si les Directions régionales de l'environnement, de l'aménagement et du logement (Dreal) peuvent émettre des avis et des réserves, ce sont les préfets qui demeurent maîtres de la décision finale. Serviteurs de l'État attachés au respect de la loi, ils sont loin de briller partout par leur conscience environnementale.

Béton, cuivre et « terres rares »

Une éolienne, comme toute construction industrielle, utilise des matières premières en grande quantité. Chacune repose sur un socle de béton d'environ vingt mètres de diamètre et de deux à quatre mètres de profondeur. Chaque socle nécessite approximativement quatre cents mètres cubes de béton, soit plus de mille tonnes.

Le mât et l'armature requièrent quant à eux vingt-cinq à quarante tonnes d'acier selon les modèles.

Les pales sont formées de matériaux composites, un mélange de résines et de fibres de verre. L'électronique nécessite des composants tels que le silicium, l'aluminium ou des plastiques polypropylènes (pétrole). Le cuivre, quant à lui, est utilisé pour réaliser les bobinages de la génératrice, ainsi que les câbles, le système de chauffage et de refroidissement, le transformateur et le système de mise à la terre, pour un total estimé à près de trois tonnes de cuivre par éolienne. Si les technologies de recyclage du cuivre sont bien connues, il n'en reste pas moins un des métaux stratégiques qui pourraient faire défaut à terme, au vu des quantités utilisées dans le monde. Aussi, certains développeurs entreprennent déjà la substitution du cuivre par de l'aluminium, notamment pour les câbles au sol.

Venons-en à la question des « terres rares ». Derrière cette appellation commune se cache une famille de dix-sept métaux (néodyme, dysprosium, praséodyme…) très dispersés dans l'écorce terrestre, souvent des sous-produits de l'industrie minière. Si la Chine, via une politique commerciale agressive, est parvenue à contrôler 90 % du marché mondial, c'est au prix d'une politique extractive redoutable pour l'environnement, comme pour celles et ceux qui y travaillent, en attestent ainsi les rares reportages réalisés sur place. Témoin de cette « part d'ombre des énergies renouvelables », le journaliste Guillaume Pitron s'est notamment rendu dans la ville sinistrée de Baotou, capitale de la région de Mongolie-Intérieure, l'une des plus importantes zones de production de terres rares de la planète. Près des centres d'extraction sous haute surveillance, des hectares d'usines et de raffineries, il a découvert « un gigantesque réservoir artificiel au creux duquel des dizaines de boyaux métalliques vomissent des torrents d'eau noirâtre en provenance des raffineries attenantes. Dix kilomètres carrés d'effluents toxiques dont le trop-plein déborde par intermittence dans le fleuve Jaune », tandis qu'un village voisin est surnommé « village du cancer ».

À l'heure actuelle, « les quantités de terres rares utilisées pour les éoliennes sont de l'ordre de 200 kg/MW », notaient en 2015 les chercheurs de l'Ancre, qui placent en troisième position les éoliennes dans le classement des plus importantes consommations de terres rares. En fait, explique Bernard Multon, chercheur à l'ENS de Rennes, « ces terres rares ne sont utilisées que dans un type bien particulier d'éoliennes, avec des génératrices synchrones à aimants permanents, qui représentent une faible part de l'ensemble du marché ». Il assure « qu'il est tout à fait possible pour l'industrie éolienne de s'en passer complètement » du moment qu'il existe une alternative sur le marché. Les fabricants sacrifieront-ils des gains de productivité potentiels pour préserver de telles ressources ?

Oiseaux et chauves-souris dans le collimateur

La question de l'impact éolien sur l'avifaune est revenue au cœur de l'actualité durant l'été 2017, avec la mort dans l'Hérault d'un aigle royal, espèce menacée d'extinction, tué par une pale. Un « accident » qui survint tandis qu'un peu plus à l'est du département, sur le causse d'Aumelas, trente-trois cadavres de faucons crécerelles, espèce « vulnérable », ont été retrouvés depuis 2010 par les équipes de la Ligue de protection des oiseaux (LPO). Dans les deux cas, les parcs étaient gérés par EDF Énergies nouvelles qui s'est empressé de communiquer à propos de l'équipement en dispositifs d'effarouchement sur les machines concernées. Longtemps ignorée, cette question doit pourtant être prise en compte par les développeurs, qui sont dans l'obligation légale, depuis 2015, de réaliser des suivis spécifiques. Il a fallu attendre l'été 2017 pour disposer en France d'un premier rapport de suivi de long terme sur la mortalité des oiseaux, réalisé par la LPO, en agrégeant les suivis environnementaux fournis par les exploitants à l'administration et les études scientifiques. Au total, « les 35 000 prospections réalisées sur 142 parcs éoliens étudiés ont permis de retrouver 800 cadavres », une mortalité relativement faible au regard de celle provoquée par les transports ou l'immobilier urbain. Pour autant, l'étude relève des effets plus importants dans certaines zones, en particulier « les couloirs migratoires et les zones de protection spéciale type Natura 2000 ». Les espèces les plus concernées sont celles qui restent en vol stationnaire avec des passages réguliers près des pales.

Cette première collecte d'informations, qui ne concernait que 10 % des installations du pays, est loin d'être exhaustive. Et comme l'a remarqué une publication du Muséum d'histoire naturelle, il demeure difficile pour les chercheurs d'accéder aux données détaillées des exploitants éoliens. D'autant que les suivis réalisés sont très hétérogènes et restent à la discrétion des opérateurs. Ces limites rejoignent ainsi les failles du droit de l'environnement pour les installations industrielles. Selon Geoffroy Marx, responsable du programme Éolien et biodiversité de la LPO, en l'absence de résultats probants à ce jour concernant les dispositifs d'effarouchement vantés par les constructeurs, le plus efficace serait « d'éloigner les futures éoliennes des zones à enjeux, notamment des lieux de nidification des rapaces ». Mais ces zones sont aussi bien souvent les plus propices à l'éolien.

Plus encore que les oiseaux, les chauves-souris sont particulièrement vulnérables aux éoliennes. D'une part, les machines brouillent la propagation des ultrasons, ce qui entraîne des collisions des mammifères avec les mâts. D'autre part, en 2008, des chercheurs canadiens ont révélé un autre facteur de mortalité : le barotraumatisme. Lorsqu'une pale d'éolienne tourne, elle fend l'air en générant un changement brutal de pression de l'atmosphère à son extrémité. Si une chauve-souris vole à proximité, elle subit un choc qui la fait littéralement imploser de l'intérieur. C'est d'ailleurs pour éviter cet effet de surpression que les plongeurs sous-marins remontent par paliers. Selon les données de la Société française pour l'étude et la protection des mammifères, la mortalité est estimée entre zéro et soixante-neuf chauves-souris par an et par éolienne.

De plus, les chiroptères ont une activité de chasse concentrée sur quelques heures et à certaines périodes de l'année. Les dispositifs de détection et d'effarouchement, qui permettent d'arrêter automatiquement l'éolienne en cas de forte affluence nocturne, diminueraient selon leurs concepteurs de plus de moitié la mortalité des chiroptères, en stoppant la production pendant 0,5 % du temps d'activité. Mais là encore, les études scientifiques indépendantes sur la fiabilité de ces dispositifs, pour l'heure implantés à la discrétion des exploitants, n'ont pas été menées. En attendant, les naturalistes et ornithologues s'organisent de plus en plus et s'engagent à leur tour dans des batailles judiciaires, de concert avec les opposants aux éoliennes, notamment dans le bassin méditerranéen. Ils ont ainsi pu faire arrêter des projets dans les Corbières audoises, au motif de l'insuffisance des études d'impact sur les oiseaux et chauves-souris.

Santé : les ondes et le bruit

Mais les nuisances de l'éolien ne touchent pas seulement les animaux. Les êtres humains aussi en souffriraient. Après un premier rapport sur la question du bruit en 2006, l'Académie de médecine a compilé en mai 2017 un état des connaissances scientifiques sur les impacts des éoliennes sur la santé humaine. Elle conclut à l'existence d'un « syndrome des éoliennes », ensemble de « facteurs psychologiques » qui peuvent, assemblés, générer un réel mal-être chez les personnes touchées. Parmi les éléments invoqués, outre les sensibilités individuelles, les facteurs sociaux et financiers « contribuent fortement à susciter des sentiments de contrariété, d'insatisfaction, voire de révolte », note l'Académie. En fait, le cumul de la contrariété visuelle, de l'existence d'un bruit, même léger, et de la supposition d'autres effets indésirables est suffisant pour générer des conséquences notables, psychologiques et psychiques chez les personnes affectées. Le problème, explique le professeur Patrice Tran Ba Huy, coordinateur du rapport, c'est que « ces symptômes ne sont pas spécifiques, une partie d'entre eux est très subjective… D'où la difficulté d'identifier clairement le lien entre la présence des éoliennes, les nuisances qu'elles engendrent et la survenue de tous ces symptômes ».

Ainsi en va-t-il des « infrasons ». Les éoliennes émettent bien des ondes à basse fréquence qui traversent les murs, mais l'environnement naturel émet lui aussi de telles ondes, et dans de plus fortes proportions. Sans être perceptible à l'oreille, « la propagation des ondes basse fréquence pourrait également être ressentie par le corps lui-même, estime l'auteur du rapport de l'Académie. Là encore, « il reste beaucoup d'inconnues pour comprendre l'impact de ces éoliennes sur la santé des citoyens ». De son côté, l'Agence nationale de sécurité sanitaire (Anses) estimait en 2017 que « si des hypothèses [...] demeurent à explorer », l'analyse des données « ne met pas en évidence d'arguments scientifiques suffisants en faveur de l'existence d'effets sanitaires pour les riverains spécifiquement liés à leur exposition à la part non audible des émissions sonores des éoliennes ».

Observations similaires concernant « l'effet stroboscopique » produit par les pales à chaque passage régulier devant le mât. Cette alternance rapide d'ombre et de lumière entraînerait chez certains sujets un effet « épileptique, des nausées ou des malaises », précise l'Académie de médecine. Toutefois, ces situations concerneraient en priorité les personnes déjà sensibles à ces effets, les éoliennes venant seulement renforcer une affection déjà présente. Interrogés, les développeurs assurent prendre ce problème en charge. Ainsi, dans l'Hérault, un technicien de maintenance chez Enercon soutient que, dans les endroits où le problème a été signalé, « on a déjà pu ralentir les machines quand l'ombre portée était trop forte par rapport à des habitations ». Encore faut-il le savoir.

Reste donc le « bruit audible ». Une éolienne, comme toute machine industrielle, est effectivement bruyante à proximité immédiate. À la fois de manière continue au niveau de la nacelle, quand la machine fonctionne, mais surtout avec le bruit que génèrent les pales lorsqu'elles fendent l'air en tournant. Le bruit diminue avec la distance mais peut, selon la topographie, rester perceptible à cinq cents mètres du mât, distance légale minimale avec toute habitation, aujourd'hui. Pour la loi, l'important n'est pas le bruit que provoque l'éolienne en elle-même, mais le supplément qu'elle ajoute au bruit ambiant, soit, selon la terminologie technique, l'« émergence ». Comme les autres installations classées ICPE, depuis 2011 ce supplément de bruit ne doit pas dépasser + cinq décibels le jour et + trois décibels la nuit. Cela peut paraître peu, mais le bruit ne fonctionne pas par simple addition mathématique, comme l'explique Jérémy Schild, expert acoustique pour le bureau d'études Venathec : « Quand, dans une conversation, deux personnes parlent en même temps plutôt qu'une seule, on ne double pas le nombre de décibels et pourtant cela s'entend nettement. » Les éoliennes, elles, s'entendent d'autant plus facilement que l'environnement est calme, avec un faible vent ou quand celui-ci est dirigé en direction des habitations.

Mais ce n'est pas tout, ajoute l'expert : « Comme pour la température, nous avons chacun une tolérance différente au bruit. Et vous entendrez d'autant plus un bruit si vous êtes contrariés ou focalisés sur lui. » Sur cette problématique du bruit audible, si l'Académie de médecine est sévère en réitérant ses préconisations de 2006 d'éloigner des éoliennes à mille cinq cents mètres au minimum des premières habitations – ce qui bloquerait toute installation nouvelle –, l'Anses recommande quant à elle de « systématiser les contrôles des émissions sonores des éoliennes pendant et après leur mise en service » et d'installer, « notamment dans le cas de situations de controverses, des systèmes de mesurage en continu du bruit autour des parcs ». Reste à savoir qui va payer pour de telles études : les particuliers, l'État ou les développeurs ?

La question du bruit, qui nous conduit à celle de l'impact visuel, transcende les seules dimensions sanitaires ou de perception individuelle. Hormis quelques rares enclaves précieuses de silence (sans aucun son artificiel), nos campagnes sont en fait des lieux bruyants, « et tant mieux » se réjouissent les élus locaux, qui associent ce bruit à l'activité économique et même à la vie. Si les sons émis par des tracteurs, des églises ou des cloches d'animaux de ferme vont (presque) de soi, les éoliennes tranchent avec ce paysage sonore. D'autant que leur bruit est répétitif et régulier, mécanique. Et c'est bien de cela qu'il est en fait question : du paysage, qu'il soit sonore ou visuel, qu'occasionne l'installation d'objet industriels dans des espaces agricoles et forestiers. La question change dès lors de nature et devient un enjeu politique et philosophique.

5. Paysages de l'éolien

Laissons tout le vent enfermé
Au fond de nos postes de télé
S'évader
Toute l'énergie éolienne
Que nos existences contiennent
S'envoler.

Gaëtan Roussel.

Il n'est pas nécessaire d'habiter à un kilomètre d'installations pour se sentir quotidiennement entouré d'éoliennes. Télévision, publicité, magazines, les représentations du « motif éolien » sont partout. Certains artistes à succès en font même des chansons. L'apparition la plus inattendue à mes yeux fut peut-être de retrouver leur image sur les parois de la cabine de toilettes d'un TGV. « Tout cela est en concordance avec la montée des enjeux environnementaux », explique Yann Castanier, photojournaliste et conseiller en stratégie de communication. « Pour que s'opère cette prise de conscience, il a fallu changer les représentations. L'éolien n'est plus seulement une solution technique à une problématique environnementale, mais est devenu un signifiant du fait que l'être humain peut vivre en harmonie avec la nature. » Et par là, l'image d'une éolienne est devenue valorisante pour des entreprises qui n'ont rien à voir avec la production d'électricité. Une manière de dire : « Faites-nous confiance, nous prenons soin de vous en prenant soin de votre environnement. » D'ailleurs, ces éoliennes ne forment-elles pas des « parcs », s'inscrivant dans leur « écosystème » en répondant aux « besoins durables » ?

En certains lieux, cette parenté entre éoliennes d'hier et d'aujourd'hui est exploitée à des fins touristiques. Ainsi, sur le plateau d'Ally, en Haute-Loire, vingt-cinq turbines sont installées depuis 2005. Alors que le projet a fait parler de lui du fait d'accusations de prises illégales d'intérêts – les élus concernés ont été relaxés en appel en 2017 –, c'est aujourd'hui un symbole de la résonance entre plusieurs époques industrielles. L'association de promotion du patrimoine local a ainsi intégré la visite des éoliennes dans son parcours touristique entre moulins à vent et ancienne mine d'argent. Une curiosité qui a permis de tripler le nombre de touristes sur le secteur. Et voici que depuis 2014 certains parcs, en Seine-Maritime ou en Alsace, proposent des événements dédiés à l'éolien lors des journées du patrimoine ! Un affront pour Jean-Louis Butré, responsable de la Fédération environnement durable, qui dénonçait alors « une opération marketing ». Pour lui, l'éolien représente « la plus grande transformation paysagère de toute l'histoire du pays ».

Si les impacts négatifs sur la fréquentation de chambres d'hôtes à proximité d'éoliennes sont souvent pris en exemple, il est difficile d'établir des statistiques fiables, permettant de mesurer l'effet spécifique de l'éolien sur la fréquentation touristique. En attendant, certains préparent un projet de « sentier des énergies » dans l'Aude, avec la première éolienne en Europe proposant une plateforme panoramique pour les visiteurs, à l'image de celle de Vancouver, au Canada.

Géographie de l'éolien en France métropolitaine

Loin de concerner une infinité de paysages, l'éolien n'est pas présent partout en France. Les grandes régions propices ont été depuis longtemps identifiées : « La France bénéficie de gisements éoliens importants, avec trois régimes de vent, océanique, continental et méditerranéen », expose Stéphane Chatelin, directeur de l'association négaWatt ; « nous avons également de vastes zones peu peuplées, qui permettent l'installation de machines ». Des zones disponibles certainement, mais à tempérer : « La France a un bon gisement vu d'Europe, mais beaucoup de pays ont des gisements bien meilleurs dans le monde », précise David Corchia, cofondateur du groupe Eren. Qu'en est-il ?

Il suffit d'ouvrir un atlas des parcs éoliens en France, pour découvrir de très importantes zones du pays sans aucune éolienne. Dans le grand quart sud-ouest du pays, les installations ont été édifiées dans les départements proches de la Méditerranée (Tarn, Aude, Hérault, Aveyron), mais quasiment aucune ne se trouve dans l'ancienne région Aquitaine, au Pays basque, ou dans la partie centrale de la chaîne des Pyrénées ainsi qu'en Gascogne. Idem dans le Sud-Est : en Savoie et dans toute la région PACA, ne se trouvent qu'une trentaine d'éoliennes, concentrées près de la zone industrielle de Fos-sur-Mer. Quant à l'Île-de-France, les implantations démarrent tout juste avec quelques parcs en projet dans le sud de l'Essonne et de la Seine-et-Marne. À l'inverse, l'éolien se développe intensivement dans les piémonts de la Méditerranée, les grandes plaines des Hauts-de-France et de Champagne, mais aussi en Beauce, en Bretagne et, de manière importante, en Normandie et dans le Poitou.

C'est qu'à la contrainte technique du vent s'ajoutent des limitations réglementaires liées aux activités humaines : aéroports, radars météos et militaires, et, depuis 2010, la distance minimale de cinq cents mètres des premières habitations. Il faut encore y ajouter les réglementations environnementales : massifs montagneux, zones protégées pour la faune et la flore, couloirs migratoires, etc. Ce qui fait dire à Jean-Yves Grandidier, PDG de Valorem, que « l'ensemble des contraintes cumulées réduit les territoires autorisés pour l'implantation d'éoliennes à la taille de confettis ». Des espaces résiduels, déjà occupés par des concurrents, ou des zones qui ne sont pas suffisamment venteuses.

Si les promoteurs ne sont pas avares en alertes sur les tentatives d'étouffement de leur filière, c'est que, pour eux, le vent et l'autorisation réglementaire ne sont pas des données suffisantes. Dès le début des années 2000, la direction de l'Évaluation environnementale planchait sur la notion de « gisement éolien » et faisait le constat suivant : la rentabilité d'un gisement éolien dépend avant tout de la valeur qu'aura le kilowattheure qui y sera produit. Les éoliennes sont donc implantées sur les gisements de vent quand ceux-ci sont rentables.

Cet équilibre économique et géographique est en pleine mutation. Alors que, d'un côté, le fonctionnement du marché éolien se transforme, de l'autre, de nombreuses innovations techniques permettent d'accroître la taille des pales, la hauteur des mâts et la puissance des turbines, pour des coûts limités. Une course au gigantisme ? Pas seulement. En rehaussant une même installation de dix ou vingt mètres, la fréquence de fonctionnement à pleine puissance s'accroît nettement. Et si, en sus, les pales sont allongées, l'effet sur la production est quadruplé. C'est cette « révolution éolienne silencieuse », selon l'expression de l'économiste Bernard Chabot, qui « a permis de mettre des éoliennes dans des endroits moins venteux, jusqu'ici non exploitables », évalue Cédric Philibert, de la division des énergies renouvelables à l'Agence internationale de l'énergie. En conséquence, l'éolien se développe désormais dans de nouvelles régions, comme le nord de la Bourgogne ou la Provence, que les opposants craignent désormais de voir « envahies ». Mais surtout, selon Cédric Philibert, ces innovations conduisent à « augmenter le facteur de charge en remplaçant des anciens modèles dans des endroits plus venteux ». Une manière de rendre ces parcs plus performants et d'atténuer la critique sur l'efficacité de l'éolien.

Quand une éolienne apparaît dans le paysage

Mais qu'est-ce que cela change exactement de rajouter des mâts de cent à cent cinquante mètres de haut (et bientôt plus) dans un paysage rural ? Dans les rassemblements anti-éoliens, on peut souvent entendre que, par leur seule présence, les éoliennes « détruisent » un paysage. Face à cette affirmation forte, les développeurs répondent benoîtement qu'ils ne peuvent pas prendre en compte les critères esthétiques subjectifs dans leurs études paysagères. Motif particulièrement visible, il faut pourtant bien l'intégrer à la réflexion sur l'implantation des parcs. Comment faire ?

Féru d'histoire de l'art et d'esthétique, Julien Lecomte, fondateur du bureau d'études Matutina, s'est fait une joie de nous éclairer : « D'abord, le paysage va être caractérisé : est-ce qu'il y a des lignes de force, des courbes particulières ? Est-ce un espace avec assez peu de repères d'échelle, comme au cœur de la Beauce, ou au contraire avec de nombreuses vallées et plusieurs massifs ? » Les promoteurs sont ainsi incités à suivre les courbes naturelles du paysage, crêtes, plateaux…

Dans un deuxième temps, raisonnant à l'échelle d'un « parc » éolien comportant plusieurs mâts, le bureau d'études s'intéresse à l'agencement des mâts entre eux. « Les paysagistes ont testé de nombreuses formules et, finalement, nous en revenons à des systèmes simples, comparables avec l'aménagement des jardins. » Il poursuit : « Soit vous esquissez l'alignement le plus rectiligne et régulier possible, comme un jardin à la française, soit vous travaillez sur une masse, en essayant de créer une homogénéité dans la répartition, plus proche du jardin à l'anglaise. » Enfin, le bureau d'études va essayer de réfléchir aux rapports d'échelle, c'est-à-dire à ce qui apparaît, indépendamment de la taille réelle des éléments, selon différents points autour du paysage. « Une éolienne d'une même taille placée dans un paysage de type collinaire ou vallonné pourra apparaître deux fois plus grande que vue dans un paysage de plateau agricole avec des champs ouverts », énonce-t-il.

Ces artistes du paysage n'ont pourtant pas pris en compte toutes les perspectives et ont fâcheusement oublié un quatrième facteur : la relation des parcs entre eux. Au grand dam de ceux qui, dès les débuts de la filière, avertissaient : « Quand, il y a onze ans, dans les Ardennes, nous réalisions le premier plan de paysage éolien départemental, nous avions pointé la nécessité de penser à l'échelle d'un "parc de parcs", d'engager une réflexion en termes de planification. Nous avons presque été accusés de réinventer le Gosplan», raconte Julien Lecomte. La conséquence des angoisses antisoviétiques de notre administration bien-aimée fut l'apparition d'un effet d'encerclement et de ceintures de parcs éoliens. Dans ces zones se pose désormais la question de créer des «espaces de respiration» visuelle – comme si ces machines enfermaient ceux qui vivent au milieu d'elles. Même un habitué de l'éolien, se rendant aujourd'hui en Champagne crayeuse, restera assez interloqué devant la multiplicité des parcs sur les différents plans de l'horizon.

Mais notre regard sur le paysage répond à un apprentissage, à une culture. Ce n'est qu'à la fin du Moyen Âge et avec les révolutions coperniciennes que naît, d'abord dans l'art, puis dans toute la société, une vision du monde avec de la perspective, du relief. À cela s'ajoutent nos spécificités culturelles françaises de «préservation du patrimoine», explique le sociologue Alain Nadaï, du Centre international de recherche sur l'environnement et le développement (Cired). «Notre nation a une tradition du paysage très visuelle. Nous considérons que ce que l'on doit protéger dans un paysage, c'est le patrimoine, ce qui est classé.» Châteaux, bâtiments remarquables… tandis que, dans d'autres pays comme dans le nord de l'Allemagne, «le paysage est le lieu de gestion collective d'un territoire». C'est d'ailleurs dans ces régions d'outre-Rhin que s'est d'abord implanté l'éolien industriel, dans des conditions bien différentes de la situation hexagonale. Car, qu'il s'agisse d'éoliennes ou de tout autre projet, difficile en France d'intégrer la notion de « paysage du quotidien », toutes « ces manières de s'approprier un environnement, sa perception et la valeur que chacun y met, ainsi que les liens sociaux qui s'y nouent », selon Alain Nadaï. Lieu de balade en famille, point de repère pour se situer dans le monde, moyen de construire des solidarités à l'échelle d'un versant, d'une vallée… Ce sont aussi ces différentes dimensions qui se cachent derrière mon imaginaire du sud de l'Aveyron et de la montagne du Merdelou. Il est dès lors aisément compréhensible que, dans la « préservation du paysage », se joue la défense d'un mode de vie, d'une manière de penser le monde et d'habiter un lieu. Implanter quelques éoliennes dans ce paysage revient à « détruire » la vision qui s'était construite en son sein, sans pour autant détruire physiquement les collines, les prairies et le relief en lui-même.

Mais il y a plus. Quelle que soit la manière dont il est observé, l'éolien a une emprise visuelle réelle. Si les développeurs affirment que tout est réversible, les tranchées creusées pour faire passer les câbles et surtout les larges voies taillées dans les massifs forestiers pour permettre le passage des convois transportant les différentes parties des futures machines ne sont pas « subjectives », mais constituent une transformation réelle dans des zones où celle-ci avait été jusqu'ici limitée, voire inexistante.

L'impact visuel est également nocturne, avec le clignotement des mâts qui, s'il est coordonné pour un même parc, diffère en rythme et en fréquence entre les parcs eux-mêmes. Cet éclairage résulte d'une réglementation aérienne particulièrement sévère en France. À ce titre, les derniers échanges entre ministère de la Défense et administration de l'Environnement pourraient conduire à un allégement, en passant « la moitié des mâts d'un parc d'un balisage clignotant à un éclairage fixe ». Mais un éclairage quand même, contribuant à une pollution lumineuse dont on mesure encore peu les effets sur nos modes de vie.

De fait, il suffit d'une seule éolienne – même si elles sont souvent trois ou quatre *a minima* – pour transformer le paysage et lui ôter sa caractéristique « naturelle ». L'objection voudrait que les forêts découpées ou les prairies traversées ne soient pas plus naturelles, puisque issues du travail de l'homme. Mais une éolienne, comme tout objet industriel, change la nature de l'emprise humaine et participe à l'accroissement de l'artificialisation des sols dans des espaces jusqu'ici épargnés. Le débat pourrait durer longtemps sur cet aspect philosophique de notre rapport à la nature, il n'en reste pas moins que la question se pose « objectivement » et avec suffisamment de force pour mettre en mouvement des milliers de personnes, aux motivations diverses à travers le pays, pour s'opposer à l'implantation d'éoliennes sur leurs territoires.

6. Vent debout face aux éoliennes

> Un peu de vent s'étant alors levé, les grandes ailes de ces moulins commencèrent à se mouvoir, ce que voyant don Quichotte, il s'écria : – Quand même vous remueriez plus de bras que le géant de Briarée : vous allez me le payer.
>
> Cervantès.

Pour beaucoup de sympathisants des idées écologistes, l'existence d'une opposition aux éoliennes est une énigme. S'agit-il d'une survivance conservatrice du passé, de partisans masqués de l'atome, plus attachés au prix de leur maison secondaire qu'à sauver le climat pour tou.te.s ? Cette caricature reste encore largement répandue dans le milieu professionnel de l'éolien, mais elle est fausse. Car, comme tous les mouvements de résistance et d'opposition, les « anti-éoliens » sont multiples et variés et ont évolué en parallèle avec les transformations de la filière éolienne elle-même. Au départ dispersées et limitées aux quelques projets éoliens en gestation, ces oppositions ont désormais pris conscience de leur force et entendent bien agir pour freiner partout où cela est possible le développement croissant de l'industrie éolienne.

Les réseaux anti-éoliens

Revenons aux origines, au cœur de mon petit monde, l'Aveyron. Au début de cet ouvrage, je vous parlais des éoliennes du Merdelou, de la façon dont elles avaient été construites en 2002 sans susciter trop d'émotion dans mon entourage. Je n'ai découvert que tardivement que déjà elles avaient suscité des réticences. Dans une commune voisine côté tarnais, un opposant, Christian Bernard, se faisait particulièrement entendre : « Je ne cache pas mon opposition au projet d'éoliennes lui-même. On est venu abîmer l'un des plus beaux sites du Sud-Aveyron où je développe mon activité touristique », racontait-il en 2001. Avec une vingtaine de propriétaires, ils s'opposèrent pendant des mois au passage des câbles à proximité de leurs terres : « Sur ce tracé, il y a des mégalithes et même une voie romaine. La ligne, nous n'en voulons pas. » La question aurait pu être renvoyée à une controverse de Clochemerle et à des rivalités interdépartementales entre Aveyron et Tarn, un débat séculaire lié à une sombre histoire de cueillette de champignons. Mais l'essentiel est que déjà une opposition naissait.

En 2002, quelques mois plus tard, Christian Bernard fut de ceux qui fondèrent la Fédération Vent de colère !, regroupement d'associations anti-éoliennes, d'abord dans l'Aude, l'Aveyron et l'Hérault, puis, progressivement, sous l'impulsion d'Alain Bruguier, son président pendant dix ans, sur l'ensemble du territoire. Cet habitant du Gard n'avait pourtant pas grand-chose à voir avec les éoliennes. Ancien chef de service à France Telecom, engagé dans une association environnementale locale, il parvint à faire reculer un projet d'éoliennes sur sa commune grâce à une mobilisation rapide. Ce fait d'armes l'amena à prendre en 2003 la tête de Vent de colère ! : « Nous n'étions alors qu'une vingtaine », raconte-t-il. Mais la fédération prit rapidement de l'ampleur. « Nous avons réuni des compétences d'ingénieurs, médecins, polytechniciens, des gens très qualifiés qui nous ont confirmé ce que nous avancions », rappelle Alain Bruguier. Leur motif principal d'opposition : l'éolien comme le solaire seraient des énergies renouvelables incapables de fournir de l'électricité en permanence. Elles ne peuvent donc venir supplanter une éventuelle baisse de la production d'électricité d'origine fossile, comme le gaz ou le nucléaire, et doivent être compensées par des centrales thermiques. Dès lors, leur implantation ne répondrait qu'à l'opportunisme de promoteurs y trouvant un intérêt financier.

À partir de 2004, alors que se préparait la loi sur les zones de développement éolien, Vent de colère ! se rapprocha d'autres réseaux plus importants, notamment les Vieilles Maisons françaises (VMF) et la

Société pour la protection des paysages et de l'esthétique de la France (SPPEF).

Les aspects paysagers chers à ces associations patrimoniales furent dès lors davantage mis en avant. Surtout, ces relations leur permirent de connaître la teneur des « comités perspectives et paysages » des départements qui voyaient passer les projets en développement. Vent de colère ! crût au fur et à mesure de la multiplication des implantations de machines et des retours d'expérience. En écho aux sociétés de projets créées par les promoteurs, les opposants furent invités à créer une association sur chaque commune concernée par les implantations et à adhérer à la fédération pour bénéficier d'un soutien et d'outils pratiques. Ainsi, dit Alain Bruguier, « nous nous sommes rendu compte que nous pouvions utiliser la protection juridique habituelle de nos assurances habitations individuelles – plafonnée à un peu moins de mille euros – pour financer les frais de procédure et d'avocats ».

C'est en 2006 que se présentèrent les premiers projets éoliens, notamment portés par EDF Énergies nouvelles, sur le plateau du Lévézou, dans le centre du département de l'Aveyron. « De manière générale, les collectivités et les habitants ont toujours été assez écoutés et globalement satisfaits », affirme David Corchia, directeur général d'EDF Énergies nouvelles de 2006 à 2012. Il ne se rappelle pas « avoir été frappé par une opposition particulière » lors de l'implantation en 2008 puis en 2010 d'un total de vingt-neuf turbines sur la commune de Salles-Curan. C'était alors le plus grand des parcs éoliens du pays. Et, il faut bien le reconnaître, il n'y eut pas de forte contestation quand le projet fut validé.

En revanche, une fois les machines construites, l'opposition apparut – et pour cause. Dans le milieu de l'éolien, l'expérience du Lévézou reste, avec les premiers projets dans l'Aude, encore aujourd'hui citée comme le contre-exemple absolu, ce qu'il ne faut surtout pas faire. « Comme les monts de Lacaune plus au sud, le Lévézou a clairement été une zone sacrifiée », admet Simon Cossus, directeur d'Enercoop Languedoc-Roussillon, fournisseur coopératif d'électricité renouvelable. Mais il ajoute : « La responsabilité ne revint pas uniquement aux développeurs, mais au préfet qui arbitrait en faveur de ces projets. » L'éolien traversait, dans cette première moitié des années 2000, une période durant laquelle, en attendant que se constituent les ZDE, surgirent des projets qualifiés pudiquement d'« opportunité foncière », selon l'expression fleurie d'un développeur. Comprendre : les éoliennes étaient implantées chez ceux qui acceptaient les conditions financières proposées par les développeurs, sans que l'on se souciât de la cohérence globale du projet sur le territoire.

Il faut entendre la parole de ces opposants pour mesurer l'impact qu'eurent ces premiers parcs, divisant familles et villages, selon qu'ils avaient ou non accepté des machines sur leurs terrains. Un voisin y décrit des machines qui « ne ressemblent à rien », trop nombreuses, mal implantées, « jetées comme un Mikado », tandis qu'un couple d'agriculteurs témoigne : « Ils nous avaient dit que ça ne dépasserait pas les sapins derrière chez nous », alors que la forêt ne cache aujourd'hui qu'une portion congrue du mât. Une autre agricultrice y raconte les méthodes utilisées : « Ils nous ont bien vendu le produit, disant que la machine ne ferait pas de bruit et qu'en parlant j'en faisais plus avec ma bouche qu'une éolienne », s'indigne-t-elle. Revenaient également ces anecdotes de développeurs agissant comme des commerciaux les plus caricaturaux : « Ils nous avertissaient que si nous ne prenions pas les éoliennes, notre voisin allait les prendre à notre place, et que nous aurions les désagréments de l'éolienne sans les retombées financières. » Enfin, certains élus municipaux, qui avaient voté en faveur du projet en faisant confiance à leur maire, estimaient avoir été « bernés ». Le pire, c'est qu'il y avait d'autres projets en prévision : à Ségur, Pont-de-Salars, Arques et Flavin, c'est-à-dire tout autour. Si les éoliennes avaient pu être implantées de manière aussi « brutale et trompeuse », semant « la zizanie » sur le Lévézou, comment faire confiance aux projets suivants ?

Atomes crochus ?

L'exemple aveyronnais, même s'il était minoritaire dans la masse des projets réalisés, fut particulièrement parlant pour nombre de propriétaires ruraux, soucieux de leur bien, de la préservation de sa valeur, « fruit d'une vie de labeur », selon l'expression consacrée, et fortement attachés à maintenir la paix dans les villages. Il trouva ainsi un écho ailleurs dans le pays où l'on commençait à s'inquiéter de l'arrivée des machines et où l'on cherchait à se renseigner. Somme toute, c'était un sacré bouleversement pour la France tranquille, agricole, vieillissante, plutôt marquée à droite, même si l'association Vent de colère ! a toujours revendiqué être « apolitique ». Le discours de cette fédération n'a jamais été clairement ni anti- ni pronucléaire. Et évoquer la question, c'est se retrouver avec la réponse suivante : « Mais pourquoi vous, les journalistes, rapportez-vous tout au nucléaire ? Là n'est pas la question. Nous ne sommes pas opposés aux énergies renouvelables, à la condition qu'elles aient une production garantie », explique Alain Bruguier. *Exit* donc pour lui l'éolien terrestre et le solaire photovoltaïque. À la limite peut-il imaginer de l'éolien en mer, « plus productif, mais à condition que tous les usagers de mer, pêcheurs, plaisanciers, etc., y soient favorables ». Une gageure.

Ces positions assez radicalement anti-éoliennes vont amener une partie des membres de Vent de colère ! à se dissocier et fonder en 2007 leur propre mouvement : la Fédération Environnement durable (FED), avec des objectifs plus politiques que Vent de colère !. Selon son président, Jean-Louis Butré, ancien cadre de l'industrie pharmaceutique, « le développement non maîtrisé et peu rentable des énergies alternatives risque de conduire au démantèlement du fleuron français, EDF, mettant à mal l'indépendance de l'Hexagone en matière de production d'électricité».

Ces militants connaissent bien le sujet, puisque la FED a reçu de nombreux soutiens prestigieux, parmi lesquels celui de Marcel Boiteux, qui présidait EDF durant l'âge d'or du développement nucléaire, dans les années 1970 et 1980. Autre figure engagée avec la FED, l'ancien président de la République Valéry Giscard d'Estaing s'est lancé en 2011 dans la bataille contre la prolifération d'éoliennes, et a préfacé *L'Imposture. Pourquoi l'éolien est un danger pour la France*, de Jean-Louis Butré. Forte de ces soutiens de marque, la FED put disposer de relais médiatiques importants et s'organisa comme le font de nombreux militants pour tenter d'influer sur les élus et les décideurs, via des pétitions et des opérations de courriers répétés aux élus.

Un des vice-présidents de la FED, Michel Broncart, ancien directeur commercial chez Saint-Gobain, m'expliqua, lors d'une manifestation à Carcassonne à l'automne 2017, que l'éolien «n'était qu'une affaire de fric», se disant pour sa part favorable aux autres énergies renouvelables, comme le solaire: «Sur le plan paysager et de la consommation individuelle, c'est ce qu'il y a de mieux.» Aujourd'hui, la FED et Vent de colère! affirment l'une comme l'autre être «uniquement financées par les adhésions des associations et des particuliers », et revendiquent chacun un millier d'adhérents. Les anti-éoliens se sont regroupés au niveau européen dans la « Plateforme européenne contre l'éolien industriel » (EPAW), qui rassemble près de mille trois cents associations en Europe – dont approximativement sept cents en France, deux cents en Allemagne et cent vingt en Angleterre. Ils réclamèrent ainsi en 2009 un moratoire général en Europe sur l'implantation de nouvelles éoliennes. Cette demande fit bondir le Syndicat des énergies renouvelables, qui dénonça alors un « terrorisme intellectuel » et une requête « comique, voire ridicule : on ne peut pas tout arrêter ». Le syndicat se déclarait néanmoins prêt à « se réunir autour d'une table avec les acteurs concernés pour débattre de cette question et décider d'une planification ». Mais ni moratoire ni dialogue n'ont connu de suite.

Il est difficile de dresser un panorama global des motifs d'opposition à l'éolien dans le pays sans tomber dans un fourmillement de détails propres à telle commune rurale au cœur de tel micro-massif particulièrement remarquable. Mais ces oppositions dessinent un état social des zones rurales du pays. Ainsi, si l'observation s'est concentrée dans le sud de la France, l'éolien s'est développé avant tout dans les grandes plaines du nord. Pourtant, ce n'est pas là que l'activisme anti-éolien fut le plus intense. La raison ? « Une difficulté à mobiliser une population dépendante économiquement », selon Daniel Steinbach, président actuel de Vent de colère ! ; « nous avons essentiellement affaire à des employés agricoles et à des personnes en trop grande difficulté financière ». L'éolien s'accommode ainsi de l'agriculture industrielle et renforce même dans ces zones le pouvoir économique des gros exploitants agricoles, pour qui l'éolien est un complément de revenu. À l'inverse, les régions montagneuses moins peuplées du sud du pays, de la Drôme au Roussillon, comptent nombre de résidents secondaires, retraités, dotés d'un pouvoir d'achat plus élevé, ou de néo-ruraux retournés à la campagne pour travailler la terre sur des surfaces plus réduites et sensibles aux impacts environnementaux. Dans le Massif central, près de Montluçon par exemple, « ce sont des jeunes qui ont quitté la ville pour être tranquilles, qui ont acheté à crédit leur maison qui n'a de valeur que si cette tranquillité demeure », raconte Daniel Steinbach. L'éolien vient également apporter une manne économique non négligeable pour des petites communes appauvries au fil de la contraction des dotations de l'État. Leurs maires et conseillers municipaux, proches du milieu agricole, sont souvent propriétaires terriens et certains en viennent à ne plus faire la séparation entre leurs différents intérêts. Ainsi, pour avoir possédé quelques parts dans le groupement forestier sur lequel il vota l'implantation d'un parc éolien, le maire de Brusque, ma commune d'enfance, a été condamné à deux mois de prison avec sursis pour prise illégale d'intérêts. Là encore, cet exemple

– marginal dans la masse des projets – alimente la suspicion et la méfiance contre les promoteurs quels qu'ils soient et renforce d'autant plus les convictions anti-éoliennes. Si, selon les sondages, cette opposition ne représente qu'une faible minorité d'habitants des communes concernées, elle constitue un vivier important d'associations et de forces de mobilisation dans le monde rural. Cela faisait longtemps, en dehors des mobilisations agricoles, qu'une partie des campagnes du pays ne s'était pas munie de banderoles et n'avait organisé des manifestations, des pétitions et des recours en justice sur une question commune. Et si certaines têtes du mouvement anti-éolien ont pris des positions qui *a minima* s'accommodent du maintien des activités nucléaires, ce que j'ai toujours pu constater, c'est l'étonnante diversité des personnes qui se retrouvent dans ces mouvements, « de l'extrême gauche à l'extrême droite » selon Daniel Steinbach, comme si l'éolien agrégeait contre lui des éléments de l'ensemble du spectre politique.

Cette opposition n'est pas pour autant exempte de contradictions ou de paradoxes : les opposants aveyronnais qui défendent un paysage « naturel » ont oublié qu'ils ont eux-mêmes fortement transformé celui-ci depuis un siècle de défrichement et de mise en culture des terres autrefois sauvages. L'attrait du plateau du Lévézou dépend directement de la construction cinquante ans plus tôt de plusieurs retenues hydroélectriques, qui forment des lacs artificiels, rendant ce coin prisé des touristes de pleine nature.

De la même manière, les habitants périruraux qui sont venus acheter à crédit un petit pavillon au calme et se battent contre la dévaluation de leur bien et pour leur tranquillité ont eux-mêmes été des agents de l'étalement urbain en construisant des lotissements neufs sur d'anciennes terres agricoles. C'est ainsi. Comme dans toute lutte sociale, les acteurs ne sont pas de purs héros, animés seulement d'intentions nobles et justes. Mais, comme dans tout mouvement qui se construit, ces intérêts plus individuels sont peu à peu dépassés par la légitimité procurée par l'action collective, même si les uns et les autres ont au départ des intérêts divergents. Reste que cette opposition pâtit de ce qui fait également aussi sa force : déclarée « apolitique », basant son opposition sur le champ de la technique, elle n'a pas la possibilité de porter une critique plus générale sur le système énergétique et des moyens d'en sortir. D'autres vont s'y atteler.

7. Contre les éoliennes et leur monde

Seule la lutte transforme.

Slogan de manifestation.

C'est un joli nom, Camarade, celui d'une bien-nommée commune de deux cents habitants du nord de l'Ariège, près du Mas-d'Azil. Y apparut en 2007 un mât de mesure éolien sur le pic de Cabanère, un des sommets du massif du Plantaurel sur les piémonts des Pyrénées. Le mât fut installé par EDF Énergies nouvelles, avec le prétendu accord écrit du propriétaire des parcelles. L'homme était pourtant mort sans héritier… en 1921. Sous l'impulsion d'un conseiller enthousiaste, la municipalité vota en faveur d'une étude de faisabilité pour un parc éolien. Sept ans plus tard, alors que la loi Brottes enterrait les zones de développement éolien, le projet ariégeois se poursuivit avec l'organisation par EDF EN d'une première réunion publique de présentation du projet de quatre à six éoliennes sur le Cabanère.

Mais la réunion ne se passa pas comme prévu. Dans la salle, une partie des habitants remit en question le projet : « Elles vont transformer cette colline en zone industrielle avec route d'accès élargie, sommet arasé, paysage saccagé », indiquaient-ils dans un tract. Floréal, militant local, se rappelle : « Ce qui a déclenché le mouvement, c'est leur mépris, la manière dont ils se fichaient ouvertement de nous. » La contestation s'organisa et une alliance improbable se noua entre les habitants du secteur. Néo-ruraux, environnementalistes, paysans et chasseurs créèrent ensemble une association, En avant Camarade ! Il ne s'agissait pas seulement de refuser le projet local : « Il n'y aura pas d'éoliennes, ni à Camarade ni ailleurs », point final.

Offensive, la lutte de Camarade conduisit le conseil municipal à reconsidérer son soutien au projet. La communauté de communes et le Parc se prononcèrent à leur tour défavorablement, sans que le projet fût abandonné pour autant. En février 2014, certains opposants poussèrent leur action un cran plus loin, en conduisant, selon leur formule, « une chèvre et un bouc accompagnés de quarante personnes » directement dans les locaux d'EDF Énergies nouvelles, à Toulouse, un coup d'éclat retentissant assorti d'une position ferme : « Nous ne sommes pas ici pour négocier quoi que ce soit, nous souhaitons juste que vous dégagiez. » Un mois plus tard, « grâce aux vents ou à des gens », dira-t-on, le mât de mesure perché au sommet du Cabanère chutait malencontreusement au sol. Enfin, en 2015, à la faveur d'un avis défavorable de l'aviation civile, la préfète mettait fin au projet de Camarade.

Mais au-delà de cette victoire, l'essentiel à retenir de Camarade est son contenu politique. Ce fut peut-être dans ce coin d'Ariège que l'on scanda pour la première fois en France le mot d'ordre : « Ni nucléaire ni éoliennes ». Et pour cause. « Nous avions alors encore tous Fukushima en tête, aussi, nous avons fait venir des rescapés japonais pour témoigner », explique Floréal. Construisant au fil du mouvement une réflexion collective sur ce qui se jouait chez eux, ils aboutirent à la conclusion selon laquelle « l'éolien est une des manières de continuer le nucléaire par d'autres moyens ». Des liens préexistants avec des collectifs de lutte au Mexique les amenèrent également à se solidariser avec le combat entrepris dans l'isthme de Tehuantepec par des populations indigènes contre l'implantation brutale et violente de plus d'un millier d'éoliennes et la dépossession de terres, et les expropriations qui les accompagnaient. Alors que le mouvement d'occupation des zones à défendre (ZAD) commençait à essaimer, une analyse plus générale de la place de l'éolien dans le système énergétique et politique s'élaborait.

L'éolien, son système technique, ses réseaux

La dimension systémique des éoliennes ne m'est pas tout de suite apparue clairement. J'avais entendu parler d'une mobilisation depuis des années contre la ligne

THT du Cotentin, en prévision de la centrale EPR de Flamanville, mais cela restait pour moi une conséquence indirecte du nucléaire. C'est Christian Bernard, l'opposant de la première heure en Aveyron et membre de Vent de colère ! qui, en 2013, m'emmena à quelques kilomètres de chez lui constater cette réalité que j'avais écartée de mon esprit, par convenance ou naïveté. « Celui-ci peut accueillir jusqu'à deux cents éoliennes », affirma-t-il, alors que, ensemble, nous nous tenions devant l'entrée d'un poste transformateur de deux hectares. Et voyant ma surprise : « On ne vous en avait pas parlé des pylônes et des transfos ? » Il serait inexact de dire que la chose était « cachée ». Dans les textes, dans les discours, il est bien question de raccordement, de câblage, mais ce n'est pas à proprement parler ce qui ressort en premier lieu quand il est question de « développement durable », n'est-ce pas ?

Pourtant, c'est évident : comme toute installation électrique, l'éolien ne fonctionne pas tout seul et nécessite l'acheminement de l'électricité produite. Alors que la recherche sur le stockage par batteries est encore balbutiante pour des productions de cette échelle, il n'existe pas cinquante moyens pour évacuer l'énergie produite : des câbles, des lignes et des transformateurs électriques des plus traditionnels. La construction de nouvelles lignes très haute tension et de nouveaux transformateurs est donc, selon RTE, « une nécessité technique » pour absorber les nouvelles productions. Cet élément n'a pas échappé à Carole Joly, conseillère municipale de la commune de Saint-Victor-et-Melvieu dans l'Aveyron, qui a découvert en avril 2010 un projet jusqu'alors inconnu de transformateur électrique d'envergure à un kilomètre de chez elle. « Neuf hectares avec le renforcement des douze lignes à haute tension actuelles ainsi que le doublement de la ligne 400 000 volts qui passe au-dessus d'un lotissement voisin. » L'objectif : « Transformer le courant 225 000 volts en 400 000 et l'acheminer aux quatre coins de l'Europe. » Par malchance, leur maison se situe précisément « sous une de ces autoroutes de l'énergie ».

Qui gère ces « autoroutes » ? Il faut ici distinguer le transport (haute et très haute tension) et la distribution (moyenne et basse tension). En France, ils sont assurés par deux filiales d'EDF. La distribution, représentant 95 % du réseau national, est assurée par Enedis (ex-ERDF), tandis que le transport échoit à RTE (Réseau de transport d'électricité), monopole public, dont le rôle consiste à maintenir l'équilibre entre production électrique et consommation par les établissements industriels et par les particuliers. Il faut ici noter qu'en économie on considère que la gestion d'un réseau électrique est un monopole naturel et qu'elle échappe normalement aux exigences de mise en concurrence. La part d'EDF dans RTE, d'abord de 100 %, a été ramenée à 50,1 % à l'été 2017. L'entreprise est dirigée depuis 2015 par François Brottes, le député socialiste auteur de la loi de 2013 supprimant les zones de développement éolien, et l'un des représentants du pôle « nucléocrate » au sein de la famille socialiste. Pourtant, à en croire son site web, RTE se présente comme «réseau de la transition énergétique», engagé à «intégrer une part croissante d'énergies renouvelables dans le réseau».

Le problème n'est pas que RTE et Enedis soient en situation de monopole, mais que ces entreprises publiques ne soient soumises à aucun contrôle populaire. Les militants de l'éolien citoyen sont nombreux à dénoncer le reversement des bénéfices des gestionnaires du réseau à la maison mère. Les tarifs de raccordement, réglementés par la Commission de régulation de l'énergie, restent assez opaques. Il n'est dès lors pas difficile d'imaginer que les promoteurs des renouvelables payent le prix fort pour raccorder leurs installations au réseau, permettant de générer une manne qui viendrait renflouer EDF. De manière toutefois mesurée, puisque, en comparaison avec les milliards nécessaires à la mise aux normes des réacteurs nucléaires, l'éolien pèse finalement bien peu.

Marché européen de l'électricité contre territoire

Mais ce n'est pas tout. Avec cent mille kilomètres en France de lignes haute et très haute tension et quarante-six lignes transfrontalières, le réseau de transport d'électricité géré par RTE est tourné vers l'international. L'objectif est bien de maintenir en permanence le juste équilibre entre offre et demande d'électricité pour éviter le black-out. En conséquence, s'est développé un marché européen de l'électricité où les compagnies électriques achètent et vendent du courant au plus offrant. Avec la fin des tarifs d'achat garantis (voir chapitre 3), les exploitants doivent désormais acheter et vendre eux-mêmes l'électricité. D'où l'apparition du nouveau métier d'agrégateur, qui fait le lien entre les producteurs d'électricité et le marché. « Quand vous vendez, vous avez un ordre de priorité, en fonction de la flexibilité et du coût de production des énergies, explique Pierre Plumejeau, de la société BKM. En premier, vous avez les énergies renouvelables – solaire, éolien et hydraulique au fil de l'eau. Ensuite, vient le nucléaire, l'hydroélectrique des lacs, et le prix monte ensuite pour le gaz et enfin les centrales à charbon. »

Dans ce grand jeu économique, l'Aveyron, particulièrement doté en énergies renouvelables, se trouve précisément au milieu de l'axe Pays-Bas – Espagne – Maroc. C'est l'enjeu de la lutte qui a été entamée contre le projet de grand transformateur à Saint-Victor-et-Melvieu, comme l'explique le collectif d'opposants l'Amassada : « Bloquer, sur un point du territoire, la mise en place des réseaux énergétiques, c'est aussi mettre en échec cette forme de gouvernement des hommes. »

Car, malgré les possibilités qu'il offre au déploiement d'une vie connectée « moderne », l'existence d'un tel réseau a des conséquences politiques : il suppose en effet la centralisation du contrôle et du pouvoir entre les mains du « monopole naturel » du gestionnaire du réseau. Si une sortie du nucléaire est aujourd'hui envisageable, elle n'aboutirait pas à l'atténuation du contrôle centralisé de l'énergie et des sources d'approvisionnement. Plus qu'une décentralisation avec la répartition du contrôle politique sur tout le territoire, le déploiement des renouvelables a seulement abouti à une déconcentration du réseau. Cela signifie que les sources de production de petite taille se sont multipliées un peu partout sans que cela vienne modifier foncièrement l'économie du secteur industriel ni la forme d'organisation du pouvoir qu'implique ce réseau. Dans cette perspective, enfouir, comme cela commence à se faire, les lignes THT en certains endroits pour réduire l'impact paysager ne change pas l'enjeu : même enterré, le pouvoir demeure.

Et les perspectives ne laissent en rien supposer une quelconque autonomisation de la population à l'égard de ce réseau. L'électrification du pays n'a jamais été aussi forte, et l'ensemble des moyens déployés pour s'adapter aux changements climatiques et sociaux utilise l'électricité. Qu'il s'agisse de voitures électriques, de l'intelligence artificielle, des écrans de publicité vidéo ou des bornes automatisées, jamais nos vies n'ont été si dépendantes de l'énergie électrique, et ce d'autant plus si l'on réside dans un centre urbain. La diffusion des outils « connectés » est en effet beaucoup plus massive et généralisée dans les métropoles densément peuplées, qui conservent toujours un temps d'avance sur les zones les plus périphériques. J'ai encore en mémoire la joie enfantine lors de l'arrivée d'Internet chez mes parents au début des années 2000, 56 kb/s tout juste, là où déjà l'ADSL et la 3G se répandaient dans les villes. Si la consommation électrique totale en France ne diminue pas et se maintient à environ 480 TWh par an depuis une décennie, c'est notamment du fait du déploiement de ces nouveaux outils.

Certains opposants à l'éolien « industriel » poussent le raisonnement encore plus loin. Pour eux, l'implantation d'éoliennes en zone rurale pour satisfaire des nouveaux besoins urbains s'apparente à la logique de colonisation économique qui s'est mise en place par le passé entre l'Europe et les autres continents, avec une exploitation des ressources d'un territoire au profit de l'accumulation de richesses par une frange de la population qui en tire les bénéfices. Les ruraux seraient-ils des indigènes expropriés de leurs terres par des multinationales au profit du développement d'une classe supérieure urbaine et connectée ? Le parallèle est osé mais instructif. Sociologiquement, les votes « écolos » pour les partis favorables à cette transition énergétique se retrouvent dans les classes moyennes intellectuelles plus ou moins précarisées, mais très urbaines. Revers de la médaille, c'est aussi dans ces zones densément peuplées que se trouvent les plus pauvres et où l'on subit la plus grande précarité énergétique, notamment pour ceux qui se trouvent dans l'incapacité de payer ces services électriques devenus indispensables mais trop chers. Ils représentent 12 % de la population totale. Ces deux phénomènes sont liés de manière dialectique : ils représentent deux aspects de

Aux origines théoriques de la critique anti-industrielle

Élaborer de nouvelles analyses du monde n'est pas un processus mécanique. Il est bien rare de trouver une pensée pure jaillie d'un esprit fécond qui soit ensuite simplement mise en pratique par des militants. Cela n'empêche pas qu'il existait bien un terreau intellectuel sur lequel ont pu s'appuyer les mobilisations contre l'éolien industriel, au croisement entre des traditions libertaires, l'écologie politique radicale ou encore des critiques du progrès et de la technique. Il est difficile de dresser une cartographie de cette mouvance. Sans remonter jusqu'aux textes de Jacques Ellul et consorts, c'est en Espagne, en 2007, que parut la première brochure traitant spécifiquement du cas des éoliennes. Intitulée *Les Illusions renouvelables*, elle était publiée par Les Amis de Ludd, collectif éditant des bulletins d'informations anti-industrielles. La brochure se penchait sur le cas espagnol où, dès 2007, était déjà expérimentée, de manière assez brutale et sans grande régulation, l'implantation d'éoliennes, avec des conséquences environnementales importantes, notamment pour les oiseaux. Le collectif en tira une analyse systémique de la notion d'énergie, directement liée au contrôle du pouvoir par l'État. Ces néo-luddistes reviennent ainsi sur l'histoire du mouvement écologiste qui « durant les années 1970 croyait que les énergies renouvelables seraient le support technique d'un grand changement social ». Mais il est pour eux désormais évident que « la réappropriation du travail et

de l'énergie est impossible sans une réappropriation préalable des processus de décisions», qui appartiennent toujours à l'État et aux industries. Ces analyses tracent ainsi une certaine barrière idéologique entre les héritiers de l'écologie politique «citoyenne» et cette radicalité politique.
Bien sûr, les idées ont tôt fait de franchir les frontières. Premières traces francophones: une brochure de 2009 du collectif libertaire anti-nucléaire d'Amiens intitulée *Le vent nous porte sur le système, ou comment être anti-nucléaire sans devenir pro-éolien*, édité un an plus tard par les Éditions de l'Encyclopédie des nuisances, maison d'édition créée par Jaime Semprun dans les années 1990 et intéressée à cette thématique de l'industrialisation du monde. Depuis, la liste s'est enrichie de contributions issues des luttes anti-éoliennes actuelles.
À noter également une série de productions audiovisuelles. La problématique des éoliennes dans le sud-est du Mexique a ainsi fait l'objet de deux documentaires, *Somos viento*, produit en 2013 par un collectif mexicain, et *Istmeño, le vent de la révolte*, deux ans plus tard, réalisé par l'écrivain et réalisateur marseillais Alessi Dell'Umbria. Quant à l'Amassada aveyronnaise, elle a produit son propre documentaire sur la lutte contre le transformateur, intitulé *Pas res nos arresta* («Rien ne nous arrête») qui tente dans sa conclusion de dresser des ponts avec les autres questions posées par les technologies modernes, telles la domotique, la surveillance généralisée ou l'intelligence artificielle. Enfin, le texte initial des Amis de Ludd fut quant à lui réédité en version augmentée en 2015.

ce que produit une « vie électrique », selon l'expression de l'historien Alain Beltran. « L'électricité est la seule énergie à porter un tel discours mythique », soutient le chercheur, qui note un basculement depuis quelques années avec une tentative de réenchanter l'électricité devenue « intelligente, propre ».

Il n'en reste pas moins que, pour qui recherche des pistes d'avenir, une question se pose inévitablement : « Si vous ne voulez ni nucléaire ni éolien, que proposez-vous ? » Il est vrai que les opposants n'ont pas de programme de gouvernement en dix points permettant d'obtenir rien de moins que la sortie du réseau, du capitalisme et la destruction de l'État. En fait, la question n'a pas beaucoup de sens, car il est inhérent au courant anarchiste de penser l'alternative non pas au travers de grandes structures verticales, mais à partir des expérimentations plurielles et horizontales dans les luttes, voire des occupations de terrain, pour défendre les territoires contre cette « invasion ». Il est néanmoins opportun de s'interroger sur la stratégie de mouvements qui, tout en acceptant une convergence avec des mouvements anti-éoliens plus « apolitiques », refusent d'ouvrir le débat avec celles et ceux qui tentent de poser un « autre éolien ». Car il en existe qui, conscients de la nature industrielle de l'éolien, tentent d'envisager des énergies renouvelables respectueuses des populations et de l'environnement, partisans d'une politique de réduction globale des consommations. Mais jusqu'où ces alter-éoliens peuvent-ils aller ?

8. Un autre éolien est-il possible ?

> Se réapproprier l'énergie, en exploitant des ressources locales bénéficiant à leur territoire [...] et financer des économies d'énergie.
>
> Michel Leclercq.

Quelques semaines après le colloque national éolien où j'avais rencontré les turbiniers, je revins dans la capitale à l'occasion d'un autre colloque, sur le thème : « Énergies renouvelables citoyennes et participatives ». L'événement était organisé par le CLER – Réseau pour la transition énergétique –, association qui regroupe des entreprises engagées dans le renouvelable « citoyen », des collectivités et agences locales pour l'énergie.

Au fil des échanges, les contours d'une politique éolienne nettement différente apparaissaient : un cap minimal de 15 % d'énergies renouvelables citoyennes et participatives d'ici 2030 et la déclinaison de cet objectif à tous les niveaux y étaient affirmés. La difficulté d'associer des citoyens sans leur imposer de s'impliquer dans des projets était mise en évidence. Dans ce réseau, qui revendiquait la transition énergétique avant sa labellisation gouvernementale, il est question de lutter contre la précarité énergétique, mais aussi d'autonomie énergétique à échelle humaine, avec les TEPOS, une initiative de quelques collectivités qui se réunissent dans le but de produire sur leurs territoires l'équivalent de ce qu'elles consomment en matière énergétique et électrique.

L'éolien citoyen naquit en France au détour des années 2000 à l'initiative de quelques pionniers comme Benoît Praderie, Jean-Yves Grandidier ou Michel Leclercq. C'est ce dernier, aujourd'hui président du CLER, qui le premier en France a concrétisé un projet pilote à Béganne, au cœur du pays de la Vilaine, en Bretagne. Il parvint à rassembler après plus de dix ans de travail passionné plus d'un millier de contributeurs pour financer quatre éoliennes inaugurées en juin 2014. Béganne fait partie des héritiers des luttes écologistes des années 1970 et 1980 et d'un puissant mouvement antinucléaire dans l'ouest du pays (Plogoff, Erdeven…) qui se retrouvait, pour une partie en tout cas, en quête de solutions à proposer pour l'avenir. La défense de l'éolien est d'ailleurs particulièrement ardente au sein du mouvement antinucléaire.

Reste qu'il est difficile de reproduire une expérience aussi dépendante de l'implication militante pendant une durée si longue. Aussi, s'inspirant du modèle allemand des sociétés à commandite, les initiateurs des projets citoyens de l'ensemble du pays se sont rassemblés pour créer un mouvement appelé Énergie partagée. À la manière de l'association Terre de liens pour les installations agricoles, ce groupement de citoyens, associations et institutions s'est doté d'une société en commandite par actions, pour financer par lui-même et selon ses propres critères des projets renouvelables citoyens et participatifs, dont une vingtaine aujourd'hui dans l'éolien. Plus compliqué ? « Oui, mais plus gratifiant à long terme. Nous nous épargnons beaucoup de recours avec un vrai travail en amont, ce n'est pas la même qualité de projet », assure Marc Mossalgue, responsable de la communication chez Énergie partagée.

« La transition énergétique ne peut pas être faite n'importe comment. Il faut générer le plus d'adhésion possible, sans parachuter des solutions, que les citoyens soient conscients des implications », affirme-t-il. Des intentions louables mais parfois difficiles à distinguer des autres discours sur la « concertation » entendus mille fois chez les développeurs conventionnels.

« Citoyen partout… citoyen nulle part »

La différence réside en fait dans la structure économique du projet. Comme on l'a vu, un projet éolien consiste en 20 % de fonds propres et 80 % de dette. Dans le cadre d'un projet réellement citoyen, une part de ces 20 % de capitaux doit être directement apportée par des personnes concernées par le projet. Devenues actionnaires ou sociétaires, selon le montage juridique choisi, elles sont incitées à participer à la vie du projet et à se l'approprier directement, en lien avec les professionnels du métier. Mais, à eux seuls, ces citoyens sont bien souvent en peine de réunir le million d'euros nécessaire au financement des projets. Désormais, les collectivités peuvent donc entrer elles aussi dans le capital d'un projet éolien, en utilisant le système des sociétés d'économie mixte. D'où l'appellation d'éolien citoyen ET participatif.

Le problème, c'est qu'une autre forme de financement beaucoup plus répandue utilise la même étiquette. Peut-être avez-vous entendu parler des projets « citoyens » et « participatifs » portés par Énergie Team, EDF Énergies nouvelles et consorts, généralement associés à des plateformes comme Lendosphere, Lumo ou Enerfip. L'activité de ces intermédiaires consiste simplement à rémunérer un placement d'épargne à taux attractif, un prêt avec intérêts sans participation au capital. Il s'agit bien d'une activité légale, permettant de valoriser un capital plutôt que de le laisser sur un livret, et venant soutenir la filière renouvelable jusqu'au remboursement avec les intérêts. Néanmoins, elle ne consiste aucunement en une réappropriation politique de l'énergie sur un territoire par des habitants copropriétaires de l'outil de production d'énergie.

Cette nuance est de taille, car déjà l'Allemagne, où la forme coopérative est autrement plus développée qu'en France, voit surgir le péril d'une récupération de cet éolien citoyen. « De nombreux développeurs de grande taille ont eux-mêmes communiqué sur leur participation à des projets "citoyens" lauréats du projet d'appel d'offres éolien en Allemagne », raconte le consultant indépendant Andreas Rüdinger. Sauf que, parmi les soixante-dix projets retenus, un seul correspondait à d'authentiques critères coopératifs. Dans les autres cas, il s'agissait d'entreprises traditionnelles qui possédaient la majorité du capital, ayant en contrepartie renoncé à une partie de leurs droits de vote au sein du conseil d'administration. Plus encore, la création de critères « participatifs » dans les appels d'offres allemands a ouvert une nouvelle faille. Car la période minimale durant laquelle le projet doit rester sous contrôle citoyen n'est que de deux ans à partir de la réalisation. Rüdinger indique que « la dimension citoyenne est ainsi loin d'être préservée sur l'ensemble de la durée de vie du projet, qui peut atteindre plus de vingt ans ». Et la France n'est pas exempte de ce risque, puisque la période de préservation des critères citoyens obligatoires y est simplement portée à trois ans.

Pour différencier les deux formules, le gouvernement envisage désormais un double système de bonus sur les appels d'offres. Concrètement, dès lors que 40 % du capital investi (hors emprunts) est entre les mains de citoyens locaux et/ou de collectivités concernées par le projet, celui-ci devrait bénéficier d'un bonus de 3 euros par mégawattheure sur le tarif d'achat de l'électricité produite. À l'inverse, si le projet est financé par de la dette auprès du public, le bonus n'est que de 1 euro par kilowattheure. Cette forme de prime à la citoyenneté ne résout pourtant pas un autre problème de fond. Car, comme le dit Olivier Perot, président de France Énergie éolienne, « la participation citoyenne et des collectivités participe en soi au développement de l'éolien ». Si les alertes sur le dévoiement possible de l'éolien citoyen émanent des défenseurs mêmes de ces alternatives, ces derniers ne jouent-ils pas ainsi un rôle de caution morale, permettant aux promoteurs les plus brutaux de les prendre à témoin ? C'est un risque qu'encourt toute tentative d'alternative « dans le cadre » des institutions. L'éternel débat entre réforme et révolution se pose aussi dans l'éolien.

Même avec les formes les plus abouties de participation citoyenne, certains opposants restent sceptiques. Ainsi pour Daniel Steinbach, président de Vent de colère !, l'éolien citoyen « c'est bidon ». Prenant l'exemple d'un projet à Saint-Georges-les-Bains, en Ardèche, il observe que « les participants les plus proches, résidant dans une communauté de communes limitrophe mais en dehors du projet, n'ont même pas droit aux taux d'épargne avantageux ». Le projet de Béganne ne convainc pas non plus cet opposant :

« C'est une structure à tiroirs, avec des clubs qui élisent des représentants, sur trois étages. Quand vous êtes à la base, vous n'avez aucun droit, sauf si vous faites partie du collège des fondateurs, qui a un tiers des parts. » Interrogé sur la place prépondérante que peuvent prendre certains dans les projets citoyens, Simon Cossus d'Enercoop Languedoc-Roussillon répond : « Le principe est que c'est celle ou celui qui agit qui a raison. Il ne nous semble pas raisonnable de placer au même niveau des personnes qui s'investissent à fond dans un projet, dépensent du temps et de l'énergie, et d'autres venant seulement soutenir avec leur argent. » Lui qui fut auparavant développeur conventionnel décrit un milieu de l'éolien participatif avec « des militants très sains, ayant une bonne capacité d'ouverture d'esprit », éloignés d'un certain égotisme et de la fermeture d'esprit parfois rencontrée dans d'autres milieux militants. Une ouverture qui permet à Célia Blauel, maire adjointe de Paris au développement durable, d'évoquer à la fin du colloque la possibilité « que les métropoles puissent financer des projets dans des zones où les collectivités n'ont pas capacité à le faire », avant de se reprendre : « Évidemment, nous n'allons pas, nous les Parisiens, imposer l'éolien dans des communes qui n'en veulent pas. » Sourires dans la salle : c'est une évidence et, pourtant, qui n'y a pas déjà pensé ?

Nécessaire « transition énergétique »

Au fond, même animés des meilleures intentions, les militants de l'éolien citoyen et participatif partagent eux aussi la conviction que, s'il ne faut pas entreprendre « n'importe comment » la transition énergétique, il faudra quand même, *in fine*, la faire. Évoquer les oppositions à ce principe même, c'est retrouver les éternels arguments sur le dogmatisme des anti-éoliens ou renvoyer cela à une question de pédagogie, car « les inquiétudes se dissipent quand on informe bien ». Benoît Praderie, de la coopérative Soleil du Midi, évoque pourtant des échanges nourrissants et intéressants avec les militants ariégeois anti-industriels à l'occasion d'une projection débat à Toulouse : « Nous étions d'accord sur l'essentiel des sujets, et pourtant, à un moment donné, il y a eu un blocage. » Dogmatisme ? Peut-être est-ce aussi parce que les défenseurs de l'éolien citoyen sont eux-mêmes très attachés à la recherche de « solutions », une exigence de l'époque à laquelle même la profession de journaliste n'échappe plus. Certains ont d'ailleurs très tôt senti cette attente contemporaine, à l'image de négaWatt, un regroupement d'experts, de chercheurs et de citoyens. Dès 2010, cette association popularisait l'un des premiers scénarios 100 % renouvelable à l'horizon 2050, une solution dans laquelle l'éolien occupe une place centrale.

Son directeur, Stéphane Chatelin, évoque les différentes oppositions à l'éolien. Il me renvoie dans un premier temps un argument très souvent entendu : « La majorité de la population, même à proximité des installations, est favorable à l'installation d'éoliennes », citant le sondage annuel utilisé régulièrement comme contre-argument pour discréditer la contestation de l'éolien. Mais poser la question en termes d'adhésion majoritaire ne permet pas de conclure que cette décision soit souhaitable et nécessaire – comme les luttes contre les grands projets inutiles l'ont bien souvent montré.

Stéphane Chatelin entre ensuite dans le fond du sujet : « J'admets que l'éolien puisse être une contrainte paysagère. Cependant, nous ne faisons pas de l'éolien parce que c'est sympathique, mais bien pour répondre à des enjeux. C'est une des solutions à privilégier. » Le contenu du scénario négaWatt est assez attrayant et particulièrement bien relayé – certains diraient vendu – dans les réseaux écolos et alternatifs du pays. La formule de négaWatt fait appel aux énergies renouvelables, mais aussi et surtout à la sobriété et à l'efficacité énergétiques.

Dans ces deux autres domaines, les résultats sont loin d'être au rendez-vous, comme le constatait le porte-parole de l'association lors de sa conférence de presse annuelle, le 25 janvier 2018 : « En complément de la rénovation, un ambitieux programme de maîtrise de la demande d'électricité peut et doit également être engagé dans le résidentiel et le tertiaire. » Mais, s'il est question de volonté politique, peut-être serait-il temps de remettre en question le postulat sous-tendant le développement des énergies renouvelables, qu'elles soient ou non citoyennes : celui qui pose comme acquis que cette transition énergétique doit maintenir quoi qu'il arrive le niveau d'équipement et de confort actuel, sans quoi elle ne serait pas acceptée. Les tenants de l'éolien citoyen doivent certainement avoir une oreille plus attentive à cette question cruciale. Pour autant, dans le vocabulaire employé, il est certes question de sobriété et d'efficacité, mais pas de réduction et encore moins de décroissance. Nous qui rions des frasques d'outre-Atlantique où « le mode de vie américain n'est pas négociable », n'est-ce pas sur cette question qu'il faudrait que nous nous aventurions ? Interrogé, Benoît Praderie estime « qu'il n'y a pas besoin de réduire les consommations si les citoyens se retrouvent dans une situation d'autonomie énergétique à petite échelle ». Encore faut-il parvenir à échapper à la puissance du réseau, point sur lequel les alter-éoliens n'ont pour le moment pas encore élaboré de « solutions ». Peut-être le feront-ils demain ?

9. Nouveaux horizons

Aller plus haut, aller plus haut, et croire encore à l'avenir.

Tina Arena.

26 mai 2018. C'est un grand jour pour le monde de l'éolien. À Plouyé, en Bretagne, sera inauguré le premier *repowering* d'un parc éolien dans le pays. D'ici peu, vous entendrez parler de cet anglicisme, traduisible par « rééquipement », qui désigne à la fois le remplacement et la remise à niveau. Car si les éoliennes ont une durée de vie de quinze ans, le gisement de vent, lui, demeure. Les constructeurs commencent donc à remplacer des anciennes en fin de vie par des nouvelles, plus puissantes et performantes. « Plouyé réfléchissait déjà à l'éolien en 1995 », raconte Maxime Dupuis, responsable construction chez Kallista. L'entreprise a racheté en 2010 ce parc de quatre machines de 750 kW, avec des pales de 48 mètres de diamètre, et supervise le remplacement par quatre nouvelles

machines deux fois plus grandes (82 mètres) et quatre fois plus puissantes. Pour le démantèlement, ils se sont adjoint les compétences en recyclage d'une entreprise locale, Guyot Environnement, et le soutien de l'entreprise Vestas.

Au bout du compte, l'essentiel du matériel a été recyclé : les pales, en matériaux composites, ont été broyées et incorporées dans du combustible solide de récupération (CSR), brûlé ensuite dans les fours des cimenteries Lafarge. Le mât, en acier, a été refondu. Pour le socle de béton, la réglementation impose aujourd'hui de le retirer jusqu'à un mètre de profondeur au minimum. Dans le cas de Plouyé, l'entreprise a fait le choix de décaisser jusqu'à quatre mètres de fond. Une fois extrait, le béton sera réutilisé par une entreprise de terrassement. Enfin, une des nacelles, avec la génératrice, a été confiée à un des lycées techniques de la région, les autres attendant d'être vendues en pièces détachées. Pour la nouvelle machine, un nouveau trou est creusé à proximité. Les modèles récents, plus lourds et imposants, nécessitent en effet une stabilité et des fondations plus contraignantes. L'ancienne excavation sera finalement comblée avec les nouveaux remblais.

Dans ce projet, Kallista joue la carte de l'exemplarité : « Cela a du sens si nous espérons dans vingt ans remplacer à nouveau ces éoliennes et exploiter sereinement ce parc. Nous ne souhaitons pas laisser des traces d'implantation un peu partout », explique

Johann Tardy, directeur du développeur du projet. La législation est pour l'instant balbutiante pour savoir s'il s'agit d'un nouveau parc ou d'une mise à niveau d'un ancien. *Quid* des oppositions ? Après quinze ans d'exploitation, « les habitants connaissent désormais ce qu'est l'éolien », estime le développeur. L'industrie aurait été acceptée comme faisant partie du paysage, « le maire a même mis une éolienne sur le logo de la commune », dit le responsable du chantier. Coût total des opérations de démantèlement : « En incluant les bénéfices du recyclage, moins de 50 000 euros par machine », affirme Johann Tardy. C'est bien la somme qui doit être obligatoirement provisionnée comme « garantie financière en cas de cessation d'activité ».

Est-il possible de généraliser cet exemple à l'ensemble de la filière ? La première grande vague de construction d'éoliennes ayant eu lieu à la fin des années 2000, plus de la moitié du parc éolien français actuel arrivera en fin de vie entre 2020 et 2030. Une nouvelle page s'ouvre ainsi pour l'éolien en France. Désormais, cette industrie est entrée dans l'âge adulte, sans subventions directes, mais avec un complément de revenu. Avec des technologies qui s'affinent sans cesse, elle commence à tourner « toute seule », pourrait-on dire. Mais, dans le même temps, comme toute industrie concurrentielle laissée libre, la concentration guette. Après les constructeurs, c'est maintenant chez les développeurs que les rachats se succèdent. Theolia a été racheté par Futuren, à son tour racheté par EDF Énergies nouvelles. Les anciens dirigeants d'EDF EN, qui avaient fondé le groupe Eren, viennent quant à eux de nouer un partenariat avec Total, qui devrait petit à petit prendre le contrôle de la société. Une alliance qui « n'est pas paradoxale, pas plus que lorsque nous travaillions avec EDF », affirme Pâris Mouratoglou, aujourd'hui président de Total Eren. « Nous avons d'importants besoins en capital et avons tout intérêt de travailler avec un partenaire qui connaît bien les questions d'énergie et qui a une réelle stratégie de croissance dans l'électricité », avec une « complémentarité presque complète entre nos intérêts respectifs ».

Le « mix » et le « smart »

Il est désormais question d'assurer le mix énergétique avec des renouvelables qui se développent en côtoyant les énergies fossiles. Si les scénarios de négaWatt envisagent bien une sortie du nucléaire à l'horizon 2050, ceux de l'État restent pour l'instant dans une optique de diminution très limitée de la capacité des centrales. Les discussions sur la Programmation pluriannuelle de l'énergie en 2018 voient une nouvelle offensive des partisans de l'atome, qui refusent de fermer plus que les deux réacteurs de la centrale nucléaire de Fessenheim d'ici 2030. Si, en Europe, la substitution des énergies fossiles par les énergies renouvelables commence à être visible, en France, rien ne laisse penser que l'éolien, avec les autres énergies renouvelables, pourrait venir se substituer au nucléaire, en tout cas pas dans un avenir proche. Et qu'en sera-t-il dans cinquante ans ?

Dans ce nouveau chapitre, l'éolien en mer occupe une place centrale. Dans les projections de mix énergétique, l'offshore représente un niveau de production au moins équivalent à l'éolien terrestre. Nécessitant une logistique et représentant des coûts plus importants, l'éolien offshore démarre lui aussi avec un temps de retard en France par rapport aux pays voisins. Lancée en 2011 dans la foulée du Grenelle de l'environnement, et avec l'objectif de 6 GW raccordés en 2020, la filière entame tout juste son développement. Mais les contraintes économiques de l'offshore, plus coûteux et complexe à mettre en œuvre, ont conduit à élaborer d'importants appels d'offres à hauteur de 500 MW chacun, soit quatre-vingts éoliennes d'une puissance de 6 MW.

Or, qui a la capacité de mener de tels projets ? À nouveau, de grands industriels. EDF Énergies nouvelles s'est ainsi allié à Dong Energy, gazier danois déjà bien implanté dans l'éolien offshore, pour former la société Éolien maritime France (EMF). Leur association a remporté les appels d'offres de Fécamp, Courseulles-sur-Mer et Saint-Nazaire, où ils inauguraient en janvier 2017 un démonstrateur d'éolien flottant. Quant au dernier projet de cette première vague, à Saint-Brieuc, il sera mené par une alliance entre

Iberdrola (Espagne), Eole Res (Grande-Bretagne) et Areva pour les turbines.

Ces ensembles d'éoliennes sont désormais eux aussi entrés dans le champ des grands projets industriels, avec des puissances qui se rapprochent peu à peu de celle des réacteurs nucléaires (entre 900 à 1 300 MW). En mer, plus de place pour les petits développeurs : c'est le retour à la fois des pouvoirs publics et des énergéticiens les plus traditionnels sur un marché fortement soutenu sur le plan économique. Des appels d'offres étant également lancés en terrestre, la question de la concurrence entre énergies renouvelables, notamment entre solaire et éolien, se posera d'ici peu.

Mais l'imaginaire des ingénieurs de la « transition énergétique » va aussi plus loin. Désormais, il est question de penser le réseau de manière « intelligente » (« *smart* » en anglais). Nouvelle marotte des dirigeants de RTE ou d'Enedis, qui souhaitent mettre à profit le déploiement des renouvelables pour induire un renversement du mode de production, adaptant non plus la production aux besoins de consommation, mais incitant les particuliers à changer leur comportement pour correspondre aux besoins du réseau. Débutée avec des incitations individuelles pour limiter l'utilisation d'électricité durant les heures de pointe au travers de campagnes de sensibilisation, le processus franchit une nouvelle étape car, cette fois, il est question, grâce à des compteurs électriques « intelligents » (Linky, Gaspar), de peser sur nos modes de consommation. Si certains voient là un premier pas vers une réduction globale de nos utilisations de l'électricité, ce modèle fait encore plus des énergies renouvelables le maillon d'une chaîne de contrôle social dépendant entièrement de la technologie, de l'électricité, donc de ceux qui la produisent et la gèrent. Et l'horizon de la démocratie électrique de s'éloigner un peu plus encore, alors qu'aujourd'hui, en mars 2018, le décret visant à supprimer le premier niveau de recours juridique contre les projets éoliens est déjà quasiment validé.

Mais cette montée en puissance s'accompagne simultanément d'une montée en tension, avec l'apparition, au-delà des recours juridiques et manifestations, des premiers conflits de terrain de l'éolien. À Bouriège, dans l'Aude, la mobilisation pour empêcher des machines de traverser des terrains privés a abouti à la condamnation en justice des militants qui avaient bloqué un convoi. Début 2018, en Aveyron, après une autre action de blocage d'un chantier, une quinzaine de militants se retrouvèrent interpellés à leur domicile au petit matin pour être placés une journée en garde à vue. Suite à quoi le développeur (Futuren, filiale d'EDF Énergies nouvelles) a tenté d'interdire de circulation et de manifestation cinq autres personnes. Ce qui permet aujourd'hui aux militants de clamer que « la transition énergétique a besoin des forces de l'ordre pour avancer », alors que se prépare à proximité la lutte contre le chantier de transformateur électrique à Saint-Victor-et-Melvieu.

Faute d'avoir assez tôt pensé démocratiquement son développement, l'éolien semble se couler avec aisance dans le moule du capitalisme mondialisé. Prenant conscience de leur puissance, certains acteurs de l'éolien agissent à l'image des autres industries, avec force et brutalité, mais se retrouvent à leur tour confrontés à une résistance de plus en plus déterminée. Il est probable qu'après la lutte contre des aéroports, des méga-scieries ou des Center Parcs, les grands projets d'énergies renouvelables, notamment éoliens, soient un des prochains champs d'affrontement pour les luttes environnementales.

Le comble ? C'est peut-être l'évolution non naturelle des changements climatiques qui pourrait venir freiner la filière en France. Fin 2017, une étude de la revue *Nature Geoscience* établissait qu'un des effets potentiels du changement climatique pourrait être la diminution de la force des vents dans l'hémisphère Nord, réduisant du même coup le potentiel des gisements éoliens. Une conclusion paradoxale alors que la France est aujourd'hui annoncée comme l'un des pays les plus prometteurs à l'horizon 2030. Le vent tournerait-il ?

Conclusion

En commençant ce périple dans le monde de l'éolien, j'étais conscient qu'en tant que journaliste intéressé par les thématiques environnementales j'étais façonné par des images, une culture, une éducation. Une part d'irrationnel en moi a voulu croire en ces énergies renouvelables et dans les imaginaires que cette technologie portait : une industrie verte, dans un monde de l'après-pétrole et de l'après-nucléaire. Or, il n'en est rien. L'éolien ne fait pas basculer dans un monde post-pétrole, ni post-nucléaire, plus démocratique et au pouvoir moins centralisé. La déception qui apparaît est probablement à la hauteur des espoirs inconsidérés qui avaient été placés dans cette « nouvelle » source de production d'électricité. Alors qu'au bout du compte elle n'est que cela : une autre manière de produire de l'électricité, raccordée au reste du système électrique, implantée dans les zones venteuses. C'est ainsi que j'entendais dans ces pages évoquer les « mirages » de l'éolien. Les éoliennes redéfinissent la localisation des centres de production et transforment les zones rurales ventées en des « zones industrielles de l'électricité ». L'industrie éolienne n'est ni la plus destructrice ni la plus corrompue. C'est une industrie de plus, qui a sa part de corruption, de destruction, et qui est scandaleuse par le fait même de répondre, comme les autres industries, à des logiques économiques capitalistes et prédatrices. L'illusion principale véhiculée par ses promoteurs, qu'ils soient industriels ou représentants politiques, c'est de la présenter comme étant plus verte, plus respectueuse et plus durable. La différence notable avec les industries du passé, c'est que l'éolien ne génère pas d'émissions de gaz à effet de serre au moment où il produit l'électricité. De plus, une éolienne peut être démantelée des lieux de son implantation, mais sa construction a bien un impact environnemental réel.

Penser l'éolien demande d'abandonner la dichotomie « pour ou contre » comme s'il s'agissait d'un goût personnel et d'un choix individuel. Parce qu'elles sont une source d'énergie et qu'elles s'insèrent dans la mécanique d'un pouvoir qui repose sur ces énergies, les éoliennes doivent être questionnées politiquement. Trop souvent, les questions énergétiques ont été confisquées par l'expertise et l'ingénierie. Leur complexité, qu'elle soit ou non volontairement appuyée, vient nourrir une vision du monde, celle qui propose de « l'aménager ». Hier, c'était pour construire des ponts et des routes, puis ce furent des barrages et des réacteurs. Aujourd'hui, ce sont les renouvelables, notamment des éoliennes. Mais cet aménagement repose toujours sur la même logique d'appropriation économique d'un espace commun pour servir des intérêts privés. Tant mieux si, à terme, grâce aux innovations technologiques, il peut être possible de produire autant d'électricité avec un moins grand nombre de machines, la question n'est plus là.

Aujourd'hui, une part croissante de la population a déjà intériorisé son « devoir » de réduire individuellement ses consommations d'eau, de gaz et d'électricité. Peut-être est-il temps d'envisager une proposition collective mettant à contribution les principaux responsables de la destruction de la planète et de l'utilisation excessive d'énergie ? Si les « riches détruisent la planète », ce n'est pas seulement par leur consommation ostentatoire et le maintien de leur système économique, c'est aussi parce qu'ils utilisent des énergies et de l'électricité à cette fin. Le grand « plan de libération des énergies » qui arrive aujourd'hui, en 2018, semble bien pâle et déjà archaïque, hérité d'un monde à la « Ushuaïa », où l'arrêt de la destruction de la nature aurait été possible sans remettre en cause les rapports de production et les inégalités de richesses qui vont de pair. Pour l'heure, le travail intellectuel permettant de penser conjointement les questions de pouvoir et d'énergie ne semble pas avoir été pleinement investi au-delà des cercles d'écologie libertaire. Une telle réflexion viendrait heureusement questionner une certaine conception de l'État, de la République, qui reste très forte chez les tenants d'une transition, qu'elle soit ou non planifiée. Mais est-il possible de s'en départir ? Alors que notre époque voit l'émergence d'une science de la catastrophe, la collapsologie, une lutte est en train de s'engager contre cette course à la « transition ». Pour ouvrir un espace de discussion sur la transition énergétique, il sera difficilement évitable d'entrer en confrontation, mener une mobilisation longue contre ceux qui se précipitent dans l'éolien comme par le passé l'on se rua vers le pétrole, l'agriculture intensive ou le nucléaire.

Il est aussi possible de s'épargner une telle dépense d'énergie, en prenant appui sur les points de jonction entre les deux mondes de l'écologie. Un projet éolien citoyen est-il réalisé avec une vraie réappropriation collective ? Que les anti-industriels aillent y prêter main-forte et le valorisent. Un autre, particulièrement destructeur, a-t-il besoin d'être stoppé physiquement ? Que les pro-éoliens citoyens aillent soutenir les occupations. Il n'y a rien d'utopique ou de naïf à penser que les deux mondes de l'écologie puissent se retrouver dans l'action et revendiquer des lois anticoncentration dans le secteur de l'énergie, une réduction globale des consommations avec une définition démocratique du superflu, ou encore la réappropriation populaire du réseau électrique. Les nucléaristes sont parvenus à s'associer avec les industriels du renouvelable, pourquoi les écolos ne se retrouveraient-ils pas de même entre eux ? Cette convergence s'est d'ailleurs déjà produite entre le monde paysan et ceux qui contestent les grands projets inutiles et imposés. Il est toujours temps de se rappeler que l'écologie politique, quelles que soient ses nuances, ne se borne pas à limiter les impacts des activités humaines sur son environnement et à faire face au péril climatique mais à penser différemment l'organisation et la vie des sociétés humaines, de manière soutenable et démocratique. Tout cela est à construire, à inventer et demandera à coup sûr beaucoup d'échanges, de temps et d'énergies. La bonne nouvelle, c'est que celles-là aussi sont renouvelables.

Notes

1. Au pays rêvé des turbiniers

Les prises de parole du colloque ont été enregistrées et sont visibles sur le site fee.asso.fr.

Données issues de l'Observatoire de l'éolien 2017, présenté par France Énergies Éoliennes à l'occasion du colloque et disponible en ligne.

Charte des collectivités et des professionnels en faveur d'un développement de projets éoliens territoriaux et concertés, FEE et Amorce, octobre 2015.

Rapport sur les coûts et la rentabilité des énergies renouvelables en France métropolitaine, CRE, avril 2014.

Données issues du bilan électrique 2017, RTE, février 2018.

2. Une brève histoire de l'éolien

Hoda Sadough, « Histoire des moulins à vent », *La Revue de Téhéran*, n° 29, avril 2008.

Extrait de l'ouvrage *Effondrement*, Jared Diamond, Folio, 2009.

Jean-Claude Debeir et Jean-Paul Deléage, *Histoire de l'énergie*, Flammarion, 2013.

Cité par la revue patrimoniale *Les Cahiers haut-marnais*, n° 256-257, 2009.

Yves Bouvier et Léonard Laborie (dir.), *L'Europe en transitions. Énergie, mobilité, communication XVIIIe-XXIe siècle*, Nouveau Monde Éditions, 2017.

Rapport sur les coûts et la rentabilité des énergies renouvelables en France métropolitaine, CRE, avril 2014.

3. Vents contraires sur l'éolien tricolore

Extrait d'une interview du *Figaro Magazine*, le 20 octobre 2007.

Députés et sénateurs trouvent un texte de compromis sur un projet de loi relatif au droit de l'environnement, *Le Moniteur*, 22 mars 2005.

Circulaire du 19 juin 2006 relative aux dispositions relatives à la création des zones de développement de l'éolien terrestre.

Loi relative à la transition énergétique pour la croissance verte, 17 août 2015.

Arrêt de la CJUE du 19 décembre 2013, Vent de Colère et associés contre Ministère de l'Écologie et associés.

Arrêté du 13 décembre 2016 fixant les conditions du complément de rémunération de l'électricité produite par les installations de production d'électricité utilisant l'énergie mécanique du vent.

« Sébastien Lecornu : Éolien : "Nous allons gagner deux à trois ans sur les procédures" », *Les Échos*, 18 janvier 2018.

Rapport sur les coûts et la rentabilité des énergies renouvelables en France métropolitaine, CRE, avril 2014.

Décret du 23 août 2011 relatif aux garanties financières nécessaires à la mise en service d'une installation d'éoliennes et des modalités de remise en état d'un site après exploitation.

Article L553-3 du Code de l'Environnement : « L'exploitant d'une installation produisant de l'électricité à partir de l'énergie mécanique du vent ou, en cas de défaillance, la société mère est responsable de son démantèlement et de la remise en état du site, dès qu'il est mis fin à l'exploitation, quel que soit le motif de la cessation de l'activité. »

4. Éole et son environnement

Chiffres issus des publications de la Canadian Copper and Brass Development Association. Les autres données chiffrées proviennent des données recoupées de plusieurs développeurs et opposants.

Extraits de l'ouvrage de Guillaume Pitron, *La Guerre des métaux rares*, Les Liens qui libèrent, 2018.

Ressources minérales et énergie, rapport du groupe « sous-sol » de l'Alliance nationale de coordination pour la recherche sur l'énergie (Ancre), 2015.

Obligations précisées dans le protocole de suivi environnemental des parcs éoliens terrestres, ministère de l'Écologie, 23 novembre 2015.

Geoffroy Marx, « Le parc éolien français et ses impacts sur l'avifaune. Étude des suivis de mortalité réalisés en France de 1997 à 2015 », LPO, juin 2017.

Roger Coly *et al.*, « Études chiroptérologiques dans les dossiers réglementaires éoliens : disponibilité de l'information et conformité avec les recommandations nationales et européennes », *Naturae*, art. 3, 15 février 2017.

Erin F. Baerwald *et al.*, « Barotrauma is a significant cause of bat fatalities at wind turbines », *Current Biology*, vol. 18, n° 16, 26 août 2008.

Patrice Tran Ba Huy, « Nuisances sanitaires des éoliennes terrestres », Académie nationale de médecine, mai 2017.

« Le bruit est de loin la plainte la plus fréquente des riverains d'éoliennes », interview de Patrice Tran Ba Huy, Observatoire de la santé visuelle et auditive, 28 septembre 2017.

« Impacts sanitaires du bruit généré par les éoliennes », Anses, mars 2017.

5. Paysages de l'éolien

Tribune de Jean-Louis Butré pour *Économie Matin*, 7 septembre 2014.

Plusieurs atlas sont réalisés chaque année, les observations sont ici basées sur celui réalisé par *Le Journal de l'éolien*, n° 25, juillet-août 2017.

Extraits de l'ouvrage *Le vent nous portera*, Jean-Yves Grandidier et Gilles Luneau, Gallimard, « Manifestô-Alternatives », 2017.

Sur la rentabilité des gisements, lire la thèse en climatologie de Bénédicte Jourdier, *Ressource éolienne en France métropolitaine : méthodes d'évaluation du potentiel, variabilité et tendances*, École doctorale polytechnique, 2015.

La « révolution éolienne silencieuse », citée pour la première fois dans l'article suivant : « Is the "Wind Power Silent Revolution" possible ? First Conclusions from a Real Project Performance Analysis and Economic Simulation », Bernard Chabot, 2013.

Sébastien Lopoukhine, *Histoires de peintures. L'invention de la perspective*, France Culture, 4 août 2015.

Conclusions du groupe de travail « éolien », ministère de la Transition écologique et solidaire, 18 janvier 2018.

6. Vent debout face aux éoliennes

L'Ingénieux Hidalgo Don Quichotte de la Manche, Miguel de Cervantès, 1615.

« Vents contraires pour les éoliennes du Merdelou », *Le Midi libre*, 9 octobre 2001.

Propos extraits du documentaire militant *Vent fort sur le Lévézou* réalisé par des militants anti-éoliens en 2010, et sa suite, *Le Lévézou, un pays, des hommes, un combat*, en 2011.

« Les énergies renouvelables (solaire, éolien) conduisent EDF à la faillite », tribune de Jean-Louis Butré sur le site Capital.fr, 17 mai 2016.

Sophie Caillat, « Les mots que souffle le lobby anti-éolien à ses sympathisants », *Le Nouvel Obs*, 22 avril 2010.

« Le "terrorisme intellectuel" des anti-éoliens », interview de Jean-Philippe Roudil, délégué général du Syndicat des Énergies renouvelables, *L'Express*, 27 mai 2009.

L'IFOP réalise depuis de nombreuses années une étude annuelle sur « l'acceptabilité de l'éolien », commandée par France Énergie éolienne. Il a une « image positive » pour trois quarts de la population, y compris chez les riverains. De son côté, l'institut CSA a produit en 2015 un sondage révélant une bonne image globale pour sept habitants sur dix des communes où sont implantées des éoliennes.

7. Contre les éoliennes et leur monde

L'autre moitié du capital de RTE est désormais détenue par la Caisse des dépôts et la compagnie privée CNP assurances.

Extraits du long texte « Trancher le filet-réseau », *Lundi Matin*, 6 octobre 2016.

Lire, dans la même collection, Tiffany Blandin, *Un monde sans travail*, Reporterre/Seuil, 2017.

« Le vote écologiste en France », *Le Monde diplomatique*, avril 2015.

Sur la précarité énergétique, chiffres issus des données de l'ADEME.

Alain Beltran et Patrice Carré, *La Vie électrique. Histoire et imaginaire (XVIII*e*-XXI*e *siècle)*, Belin, octobre 2016.

Le nom de Ludd fait référence à un mythique ouvrier anglais qui aurait mené une révolte contre les machines au XIXe siècle. Il est devenu le symbole de ceux qui alliaient une critique du travail. Voir l'ouvrage de Nicolas Chevassus-au-Louis, *Les Briseurs de machines*, Seuil, 2006.

Arnaud Michon, *Le Sens du vent. Notes sur la nucléarisation de la France au temps des illusions renouvelables*, Éditions de l'Encyclopédie des nuisances, 2010.

José Ardillo, *Les Illusions renouvelables. Énergie et pouvoir : une histoire*, L'Échappée, 2015.

8. Un autre éolien est-il possible ?

Citation extraite de l'interview « Michel Leclercq, citoyen dans le vent », *Le Monde*, 5 août 2018.

Le CLER, pour Comité de liaison pour les énergies renouvelables, fut créé en 1984 à la suite de l'abandon des politiques nationales de soutien aux énergies renouvelable. Devenu en 2012 le Réseau pour la transition énergétique, il compte aujourd'hui 280 adhérents.

L'initiative des TEPOS a là aussi été reprise au niveau national et labellisée par le ministère sous l'appellation de « territoires à énergie positive pour la croissance verte » (TEPCV), un changement d'envergure mais aussi d'objectif politique.

Voir à ce titre la brochure de l'association Sortir le nucléaire, *Éoliennes, vent de polémique*, parue en 2008, un modèle du genre.

Andreas Rüdinger, *Des citoyens partout… des citoyens nulle part*, energiepartagée.org, 12 juillet 2017.

Le détail complet du projet négaWatt secteur par secteur est visible en ligne : https://negawatt.org.

9. Nouveaux horizons

Chiffre de Wind Europe, cité dans l'article de *La Tribune* : « EDF EN veut faire ses armes dans le "repowering" », 26 avril 2017.

Kristopher B. Karnauskas, Julie K. Lundquist et Lei Zhang, « Southward shift of the global wind energy resource under high carbon dioxide emissions », *Nature Geoscience*, vol. 11, n° 1, 2018, p. 38-43.

Table

RÉALISATION : IGS-CP À L'ISLE-D'ESPAGNAC
IMPRESSION : CORLET IMPRIMEUR S.A. À CONDÉ-SUR-NOIREAU
DÉPÔT LÉGAL : MAI 2018. N° 139244 (196416)
IMPRIMÉ EN FRANCE